加氧/增氧灌溉技术创新与理论探索

雷宏军　张振华　潘红卫 等　著

科学出版社

北京

内 容 简 介

加氧/增氧灌溉是节水灌溉领域新兴起的一项水肥气耦合技术。本书总结了研究者近年来在加氧/增氧灌溉领域的一系列研究成果，涵盖了加氧/增氧灌溉原理及装备研发、加氧/增氧灌溉水气传输特性及优化、加氧/增氧灌溉土壤湿润体内水氧变化特性、加氧/增氧灌溉对作物根际环境改善效应、加氧/增氧灌溉作物生理生长特性、加氧/增氧灌溉增产提质机理以及加氧/增氧灌溉主要温室气体产排效应等方面。

本书可供农业水土工程、农田水利、土壤化学、农艺学、农业工程等学科的科研工作者参考，也可供水利工作者等阅读，同时还可供高等院校水利、农业等专业的师生参考，尤其适合从事加氧/增氧灌溉研究的研究生研读。

图书在版编目（CIP）数据

加氧/增氧灌溉技术创新与理论探索 / 雷宏军等著. —北京：科学出版社，2022.12

ISBN 978-7-03-072408-3

Ⅰ. ①加… Ⅱ. ①雷… Ⅲ. ①灌溉水—研究 Ⅳ. ①S273

中国版本图书馆 CIP 数据核字（2022）第 095073 号

责任编辑：杨帅英　赵　晶 / 责任校对：赫甜甜
责任印制：吴兆东 / 封面设计：蓝正设计

科学出版社 出版
北京东黄城根北街 16 号
邮政编码：100717
http://www.sciencep.com
北京九州迅驰传媒文化有限公司印刷
科学出版社发行　各地新华书店经销
*
2022 年 12 月第 一 版　开本：787×1092　1/16
2024 年 9 月第二次印刷　印张：11 3/4
字数：280 000
定价：120.00 元
（如有印装质量问题，我社负责调换）

前　言

我国是一个农业大国，农业用水在国民经济用水中占据压倒性比例，发展节水农业是践行"节水优先"的关键发力点，也是提高区域水资源承载能力和可持续发展水平的主阵地。然而，与节水先进国家和地区相比，目前我国的水资源利用效率整体并不高，发展高效节水农业前景广阔。另外，我国粮食安全仍是一个重大命题，实施"藏粮于地，藏粮于技"，推进农业提质增产增效，是我国现代农业发展的必由之路。

加氧灌溉（又称增氧灌溉），是国际上新兴起的一种高效节水灌溉技术，是水肥一体化技术的新突破，具有节水、节肥、增产、提质的作用，已成为节水灌溉领域研究的前沿热点。加氧灌溉也叫增氧灌溉，其特点是将氧气掺入灌溉水中，随水肥或随水一起灌入根区，在供水供肥的同时，改善土壤通气性，促进根系呼吸和生理活性，从而起到增产增效、改善品质的作用。加氧灌溉技术的关键在于解决或回答如何制备均匀细小微纳米气泡灌溉水、如何控制水力特性使水气均匀性效果最佳、提质增效的经济加氧模式如何、加氧灌溉对温室气体产排起何种作用等一系列技术和理论上的难题。围绕上述设备革新和灌溉工艺优化等问题，本书开展了一系列探索性工作，初步形成了加氧灌溉技术体系，主要成果和发现如下：

（1）设计了一种加氧灌溉高效耦合智能控制系统，可使掺气比例由现有技术的12%提高到30%以上，溶解氧（DO）值由自然水体的8mg/L提高到60mg/L以上。

（2）设计了一种加氧灌溉水气出流均匀度的测量系统与方法及一种微纳米气泡的测量装置，提出了一种掺气比例的计算模型，开展了加氧灌溉下水、氧、气传输规律及其影响因素的研究。本书研制的加氧灌溉系统的出水、出气和溶解氧均匀度分别为95%、70%和97%以上，提出的掺气比例计算模型和微纳米气泡测量装置能够准确计算和测量掺入气体体积。

（3）加氧灌溉可显著改善土壤湿润体的通气性。高灌水量下加氧处理的土壤溶解氧浓度、氧气扩散速率（ODR）、氧化还原电位（Eh）和土壤呼吸速率（Rs）均显著增强。各种处理的土壤氧气扩散速率及氧化还原电位和溶解氧浓度呈显著的正相关关系。

（4）加氧灌溉可显著提高各通气性指标量值，改善根区土壤通气性。加氧灌溉下紫茄土壤的溶解氧、氧化还原电位和氧气扩散速率较对照分别提高了16.74%、29.39%和6.63%以上；冬小麦根际土壤的氧化还原电位、氧气扩散速率和土壤呼吸速率较对照分别提高了8.64%、56.11%和23.60%；加氧灌溉下番茄土壤氧化还原电位于12h后出现增加，改善效果可持续84h。

（5）加氧灌溉提高了作物的水肥利用效率，促进了作物的生长，增加了作物的产量，改善了作物的品质。加氧灌溉下小白菜氮、磷、钾吸收率较对照分别提高了23.68%、27.54%和62.81%，水分利用效率提高了27.86%；加氧灌溉下小白菜产量较对照增加了58.42%；

春小麦千粒质量和穗粒质量较对照分别增加了 6.03% 和 17.07%。加氧灌溉下草莓维生素 C 含量较对照增加了 14.4%，糖酸比增加了 47.1%；灌水量、加氧量和施肥量的增加可显著提高辣椒的产量和水分利用效率。

（6）加氧量、施氮量和灌水量的增加可增加加氧灌溉下温室辣椒地土壤 N_2O 排放峰值、N_2O 累积排放量和单产 N_2O 排放量。加氧量和灌水量的增加可显著提高辣椒的氮素利用效率，而施氮量的增加降低了辣椒的氮素利用效率。综合考虑作物产量、氮素利用效率和单产 N_2O 排放量，试验中减量施氮、非充分灌溉、加氧处理是推荐的加氧灌溉组合方案。通过采用结构方程模型进行路径分析，可知土壤温度、充水孔隙度和 NO_3^--N 含量对 N_2O 排放的总解释度分别为 42%、60% 和 58%，它们是影响加氧灌溉下温室辣椒地土壤 N_2O 排放的主要影响因子。

全书分为 9 章。第 1 章绪论；第 2 章加氧灌溉原理及装备研发；第 3 章加氧灌溉水气传输特性及优化研究；第 4 章加氧灌溉土壤湿润体内水氧变化特性研究；第 5 章加氧灌溉对作物根际环境改善效应研究；第 6 章加氧灌溉作物生理生长特性研究；第 7 章加氧灌溉增产提质机理研究；第 8 章加氧灌溉主要温室气体产排效应研究；第 9 章结论及展望。本书的作者雷宏军、潘红卫、刘鑫、臧明来自华北水利水电大学，张振华来自鲁东大学。本书其他贡献作者有陈建、李道西、杜君、袁天佑、肖让、和爱玲、李小红和刘亚奇，全书由雷宏军统稿。本书出版得到了国家自然科学基金面上项目（52079052、41771256）、山东省重点研发计划重大科技创新工程（2019JZZY010710）、河南省重大科技攻关计划（212102110032）、山东省农业重大应用技术创新（SD2019ZZ017）的联合资助。本书编审过程中，还得到刘欢、杨宏光、王露阳、肖哲元等同志的大力支持，在此一并表示感谢。

对于书中的缺点和疏漏之处，恳请读者批评指正。

作　者

2021 年 5 月

目　　录

第1章 绪 论

1.1 背景及意义

　　土壤空气、水分和养分之间的最佳平衡被称为肥力三角（fertile triangle）（Wolf, 1999）。协调土壤水肥气环境，以维持根系正常的新陈代谢和良好的根区环境是灌溉追求的目标（Bhattarai et al., 2005）。水肥资源约束已成为农业可持续发展的瓶颈因素。农业部、国家发展和改革委员会、科技部等八部委2015年联合发布了《农业部关于打好农业面源污染防治攻坚战的实施意见》，明确提出"一控两减三基本"的目标。2016年农业部颁布的《推进水肥一体化实施方案（2016—2020年）》中明确提出重点推广水肥一体化技术。在新形势下，推进水肥一体化工作已成为提高水肥利用效率、转变农业发展方式和缓解水资源紧缺的关键措施。土壤空气在作物生长过程中起着不可替代的作用。土壤空气来自于大气，是土壤的重要组成部分，存在于土壤孔隙中，并在土壤孔隙中不断地运动，同时与大气进行气体交换。传统灌溉方法总是处于淹水灌溉、根区排水及缺水后再灌溉的过程之中（Bhattarai et al., 2005）。精准的灌溉方法，如地表滴灌和地下滴灌因可显著提高水分利用效率而备受推崇。但是，灌溉过程及之后地下滴灌灌水器的周围也可能出现短时性和周期性滞水，这一情况多出现在质地黏重、紧实和结构不良的土壤中，即使是在排水特性良好的土壤中也可能出现持续性水分过多的情况（Dhungel et al., 2012）。土壤水分过多必将导致湿润区土壤空气含量下降，土壤出现周期性的滞水，从而造成土壤通气性下降（Meek et al., 1983），其下降程度与灌溉技术水平和土壤性质相关（Abuarab et al., 2013；Bhattarai et al., 2013；Shahein et al., 2014；Torabi et al., 2013；Chen et al., 2011）。

　　土壤空气对作物种子发芽、出苗、后期成长与成熟以及养分吸收、各种营养物质的转化都有重要的作用甚至起决定性的作用。在农业方面主要研究土壤通气性不足对粮食减产的影响。土壤湿度过大降低了植物生产潜力，这不仅与土壤通气性不良有关，也与土壤氧气不足引起的根系病菌入侵有关（Miller and Burke, 1985；Stolzy et al., 1967）。当土壤通气不良时，必须通过人为排水或加氧来提高通气不良土壤的通气性，否则作物势必减产，收益也可能大幅下降（Irmak and Rathje, 2014）。土壤水分过多，土壤氧气会被土壤水分驱离，微生物与植物根系竞争氧气，同时微生物代谢途径发生转变，减少了根系对养分的吸收。土壤氧气不足，新生根系停止生长，根的伸展受到抑制（Silberbush et al., 1979）。如果氧气浓度进一步下降，即使恢复供氧，根系也无法正常生长（Lemon and Wiegand, 1962）。淹水72h后，土壤氧气浓度下降到最大理论值的10%时，根系停止生长，作物产量下降到最佳灌溉处理的56%（Meyer et al., 1985）。保障作物根区的土壤通气性对作物产量至关重要。随着滴灌技术的日臻完善和大面积推广应用，利用滴灌系统可同时实现水、空气和农业化学物质向根区输送，为土壤通气提供可能。

目前，向根区输送氧气的灌溉技术主要有两种（雷宏军等，2014a）：一种是灌水过程与加气过程分离，即灌水之后进行通气的技术；另一种是使用文丘里空气射流器将氧气通过滴灌或地下滴灌水流向植物根区输送的一种新型的灌水技术，其被称为加氧灌溉（又称增氧灌溉）。这两种技术都能有效缓解普通灌溉导致根系缺氧的问题，第一种技术因"烟囱效应"的存在，氧气不能有效地停留在植物根区；第二种技术因过水流速缓慢，单次曝气水流掺气比例受限，且产生的气泡大部分集中于管道上半部，在实际应用中受到限制。加氧灌溉技术是水肥一体化和加氧灌溉的结合与改造，以地表水为水源，借助文丘里空气射流器吸入空气或氧气，经滴灌系统将水肥气混合流体协调输送至作物根区土壤，为作物生长创造良好的水肥气热环境（雷宏军等，2014a，2014b）。本书通过研发加氧灌溉系统，进一步对加氧灌溉的理论基础、系统设计、传输机制和增产提质机制进行了系统深入的探索，为我国农业水资源高效利用和农业可持续发展提供了一种新的技术支撑。

1.2　国内外研究进展

1.2.1　加氧灌溉在农业领域的应用

加氧灌溉技术利用二相流体力学原理，让气液两个相体在高速旋转或真空吸附等情况下生成微纳米气泡水，达到水体超富氧饱和状态。加氧灌溉制备的微纳米气泡具有尺寸小、比表面积大、吸附效率高、在水中上升速度慢等特点，特别适合加氧灌溉水气高效传输。目前，国际上对加氧灌溉在农业上的应用已有一些报道，但在国内尚属于起步阶段。Zheng 等（2007）以高纯氧为气源，利用 Seair 氧气扩散器制备了 3 个溶解氧梯度，即 20mg/L、30mg/L 和 40mg/L，水培西红柿 4 周后发现，随着溶解氧浓度升高，植物株高显著增加，但根茎叶鲜重增加趋势不明显；30mg/L 的溶解氧浓度值可能是西红柿生长的上限浓度。Park 和 Kurata（2009）采用微纳米气泡加氧水水培生菜发现，曝气处理使生菜鲜重和干重均显著增加，认为这一促进作用与微纳米气泡大的比表面积和负电荷特性有关。Ebina 等（2013）将氧气作为气源制备微纳米气泡加氧水，发现微纳米气泡的尺寸和浓度稳定持续时间达 70 天；微纳米气泡加氧水水培大白菜 4 周后发现，曝气处理极显著地促进了株高、叶片长度和地上部鲜重的增加。蒋程瑶等（2013）利用溶解氧浓度达 45mg/L 的加氧水处理叶菜种子，发现发芽率、发芽势及活力指数均比普通纯净水处理的种子有显著提高。刘俊杰等（2013）研究了微纳米气泡加氧水对水培及基质栽培的生菜根系生长、经济产量具有明显的促进作用。吕梦华等（2014）以自来水为对照，在 20mg/L 和 30mg/L 两种溶解氧浓度下研究了微纳米气泡加氧水对水培白萝卜的生长发育的影响，发现其对部分品质指标有明显的促进作用，且高溶解氧浓度的促进效果更加突出。

1.2.2　加氧灌溉传输特性

关于加氧灌溉传输过程中掺气比例的测量对明确水气传输规律有重要意义。由于管道的不透明性，Calzavarini 等（2008）通过对气泡探针碰撞时间序列的统计分析来量化处于湍流状态下的微纳米气泡。利用高速相机来连续监测气泡，通过气泡图像孔隙率可估算出掺气总量（Bhattarai et al.，2015a）。雷宏军等（2014a）通过曝气水黏度和掺入气体体积的变化关系计算出平均掺气比例，但无法实时监测传输过程中掺气量的变化。Torabi 等（2013）将充满水的集气瓶倒扣于水槽中收集曝气掺入的气体，但该种方法只能收集体积较大的气泡。对于较大气泡而言，微纳米气泡因其直径较小可避免气泡直接上升聚合而导致气泡破裂（张磊等，2011），从而为加氧灌溉水气长距离均匀传输提供了可能。

田间条件下均匀通气对维持作物均一生产非常重要。目前，关于加氧灌溉的水氧传输均匀性和传输距离有一定的研究。Goorahoo 等（2002）发现，加氧灌溉对辣椒产量的影响主要集中在毛管的前 48m 范围内，辣椒的产量和毛管长度间呈极显著的二次线性关系，而普通地下滴灌毛管距离与辣椒产量没有明显的关系。因此，他们认为，水气出流量不均匀是该现象出现的主要原因。Torabi 等（2014）研究了活性剂添加浓度和连接器类型及尺寸对水气出流量均匀性的影响，结果表明，活性剂的添加可显著提高传输过程的流量均匀性。雷宏军等（2014b）研究了不同活性剂添加浓度和工作压力条件下水气耦合物在较短滴灌带（66m）中的传输均匀性，结果表明，出水均匀性和出气均匀性分别达到 95%和 70%。由于浮力的存在，微纳米气泡在长距离传输中会凝聚。大微纳米气泡在灌溉过程中更易从向上埋设的滴头逃逸而造成气泡损失。Pendergast 等（2014）通过棉花田间栽培试验表明，250m 以内的管道铺设长度是加氧灌溉的有效铺设长度，可使空气顺利到达作物根区。Bhattarai 等（2015a）研究了活性剂 BS1000 浓度和滴头的埋设方位对微纳米气泡轮廓和传输有效性的影响，结果表明，BS1000 较低浓度下水气耦合物于传输 200m 后出现分离。目前，水气耦合物的传输距离仍是限制加氧灌溉技术推广的重要因素之一。因此，关于加氧灌溉下掺气比例的测定手段、水气均匀度的测量方法及水、氧、气传输的均匀性仍需进一步明确。

1.2.3 加氧灌溉土壤通气性改善效应

土壤通气性对植物生长的重要性已为人们所认知，Grable（1966）最早给出了对土壤通气性的定义：是生物、土壤和大气相互之间的气体交换和循环。Glinski 和 Stepniewski（1985）建议将土壤通气性概念进行拓展，即包括土壤气体的组成及其对植物的作用，以及土壤气体的吸附、产生、交换等各个方面。这一概念将土壤氧气的分布、氧气对植物根系及微生物的可利用性考虑进来，称为土壤氧合作用（Glinski and Stepniewski，1985）。土壤通气性指标可分为 3 类：第一类为容量指标，气体填充土壤孔隙体积（简称土壤充气孔隙度）；第二类为强度指标，孔隙中的氧气分压或土壤溶液中的氧气含量；第三类为速率指标，氧气向土壤中某点的供应速率。三类指标的测量难度顺序为：容量指标＜强度指标＜速率指标。对于第一类指标而言，通常当孔隙体积比例小于 0.1 时植物生长受到抑制（Jayawardane and Meyer，1985）。对于第二类指标而言，当土壤空气的氧气体积比例小于 10%（或氧气浓度低于 $0.1kg\ O_2/m^3$），或者当土壤溶液氧气浓度低于 $10mg\ O_2/L$ 时，视为土壤通气不良（Meyer et al.，1985）。第三类指标又可分为扩散指标及对流指标两类。

扩散指标最能反映原位土壤中的氧气水平，它与植物的生理反应、营养特性和植物生长密切相关，低于 $0.2\mu g/(cm^2 \cdot min)$ 时视为土壤通气不良（Stolzy and Letey，1964）；对流指标可通过对流测量氧气仪准确测量进入土壤的氧气的质量通量，或者通过直接测定大气与土壤之间的空气压力梯度来计算。常用的土壤通气性代表性指标有土壤充气孔隙度（Hodgson and Macleod，1989）、土壤空气氧气浓度或土壤溶液氧浓度、氧气扩散速率等（Letey and Stolzy，1964）。对比分析土壤充气孔隙度和氧气扩散速率发现，土壤通气容量并不能直接反映植物的生长。氧气扩散速率直接反映了氧气对植物的有效性，是最具代表性的土壤通气性指标（Feng et al.，2002）。土壤充气孔隙度阈值常数经常被用于表征植物氧气胁迫（Barber et al.，2004；Leão et al.，1985），但是阈值常数难以表征所有的情况。实际上，土壤氧气的消耗及氧气向根系的扩散依赖于土壤温度、作物生长时期、土壤质地和微生物活性。以上因素同时影响着土壤氧气的胁迫程度，准确估算土壤氧气胁迫的研究至今未见报道。加氧灌溉改变根际土壤水分分布及氧气状况，影响着土壤的通气状况，那么土壤通气性改善效应如何？加氧灌溉如何通过根际土壤通气性的改善来促进作物的生长？有待进一步研究。

1.2.4 加氧灌溉对作物根区环境的影响

加氧灌溉带来土壤通气性的改善不仅促进了作物的增产增效，而且对作物根区环境也产生了一定的影响。根区环境是一个复杂的系统，"土壤-根系-土壤微生物与土壤酶"等因素相互作用，共同影响地上、地下的物质运移和能量流动（王京伟，2017）。土壤微生物是农田生态系统的重要组成部分，也是参与土壤养分转化和生化反应的重要推动力，在促进土壤有机质转化方面起到重要作用（姚槐应和黄昌勇，2006；Heijden et al.，2008；李元等，2015）。土壤微生物种类和数量繁多，细菌、真菌、放线菌是目前研究最多的三类。土壤微生物以群落的方式存在于土壤中，细菌在土壤微生物群落中占70%～90%，是土壤微生物群落的主要组成部分（王岳坤和洪葵，2005）。微生物群落作为土壤的活跃组成成分，在代谢过程中分泌有机酸等，促进土壤的形成和发育。土壤微生物群落的发展演替是土壤养分循环和能量运移的动力（王京伟，2017）。土壤酶是土壤中产生的专一生物化学反应的生物催化剂，也是土壤营养物质代谢的动力（于德良等，2019）。土壤酶主要来源于土壤微生物，作物根系和植株残体在分解过程中也会向土壤中释放土壤酶，另外土壤动物及其产物，如蚯蚓的排泄物、蚂蚁等都会促进土壤酶的产生，但土壤动物在土壤酶来源上的作用十分有限（曹慧等，2003）。土壤酶活性是评价土壤肥力状况、衡量土壤生物学活性和土壤生产力的一个重要指标（刘善江等，2011）。邱莉萍等（2004）的研究也表明，土壤脲酶和碱性磷酸酶可以作为评价土壤肥力的参考指标。

加氧灌溉通过向作物根区输送水气混合流体来改善土壤通气性、提高土壤的氧气浓度。土壤中氧气含量的波动会改变土壤微生物的生长状况（肖卫华等，2016）。目前，已有关于加氧灌溉影响土壤微生物及土壤酶的研究。Gibbs等（2000）和Khan（2001）研究了根区加气对黑小麦、大麦脱氢酶活性的影响，结果表明，根区加气提高了脱氢酶的活性，同时促进了黑小麦和大麦的生长发育。陈红波等（2009）对温室黄瓜的根际通气进行试验,结果表明,通气栽培提高了基质酶的活性,其中脲酶活性比常规栽培提高 7.67%,脱氢酶活性提高 22.52%,磷酸酶活性提高 18.3%,蔗糖酶活性提高 20.87%。张立成等(2018)研究了增氧条件下施用有机肥对水稻土微生物数量和群落结构的影响,结果表明,加氧处理增加了土壤中各类微生物的数量,影响了微生物群落结构。李元等(2015)研究了加气灌溉对温室甜瓜土壤酶活性与微生物数量的影响,结果表明,加氧灌溉对土壤酶和土壤微生物存在显著影响,土壤酶活性与土壤微生物数量存在相关性。

1.2.5 加氧灌溉作物响应

关于加氧灌溉对作物生长影响的研究比较多。孙周平等(2006)研究表明,加氧灌溉能提高土豆等作物的产量和品质。陈新明等研究指出,加氧灌溉能提高作物水分生产率,增加作物产量,促进作物光合作用的进行,并且能提高果实糖含量(Chen et al., 2011;葛彩莲等,2011)。牛文全和郭超(2010)的研究揭示了根际土壤通气性对玉米生长的影响,结果表明,根际土壤通气能促进玉米株高、茎粗的生长以及叶片叶绿素含量的积累。张文萍等(2012)研究指出,加氧灌溉可以促进根系的生长,提高根系活力。张璇等(2011)研究了盆栽西红柿所需的最佳根际通气量,为加氧灌溉在实际中的应用提供了部分依据。陈红波等(2009)研究认为,向黄瓜培养基质中通气能使二氧化碳浓度降低 48.21%、氧气浓度提高 5.87%,基质中主要酶的活性也可以得到不同程度的提高。

关于这方面国外也有一些研究。Bhattarai 等(2005)研究了向缺氧环境下的作物加气对作物产量增加的情况。他们还从大豆和南瓜的水分利用系数以及根系分布等方面研究了作物对加氧灌溉的响应。通过采用 Mazzei 文丘里空气射流器开展加氧灌溉试验,Goorahoo 等(2002)明确证实了加氧灌溉的好处,并提出了可行的方法。Vyrlas 和 Sakellariou-Makrantonaki(2005)利用地下滴灌系统向甜菜根际土壤中通气,研究了根际加气对甜菜品质的影响,结果表明,通气后的果实可溶性糖含量比不通气的高。向灌溉水流混入大量的微纳米气泡并输送到植物根区,可有效缓解土壤缺氧状况,增强土壤脱氢酶类活性,促进植物生长,提高水分利用效率和作物品质。然而,关于加氧灌溉下作物氮、磷和钾的利用效率的研究较少,还有待进一步研究。

1.3 主要内容与创新

本书以加氧灌溉系统的研制为基础,以加氧灌溉水力传输特性和土壤通气性改善为切入点,以作物增产提质、水肥高效利用为导向,对加氧灌溉的理论基础、系统设计和作用机理进行系统深入的探索,主要包括以下 5 个方面的研究内容。

1)加氧灌溉技术效率评价及水气传输特性研究

基于变压分离制氧技术(AirSep)、氧气扩散系统(Seair)和空气注射技术(Mazzei air injector)相耦合的 AirSep-Seair-Mazzei 系统进行改进,以实现对超富氧微纳米气泡水的制备和溶解氧的精准控制;对比不同曝气设备掺气性能,设计一种加氧灌溉系统及灌溉方法,实现对宽泛掺气比例灌溉水的制备及掺气比例的精量调控。结合滴灌管道流量均匀性的测量方法，设计一种加氧灌溉水气出流均匀度的测量系统；基于排水法测定气体体积的方法，提出一种加氧灌溉掺气比例测算模型；采用 AirSep-Seair-Mazzei 系统和加氧灌溉系统，研究农用活性剂、NaCl 介质和管道连接方式等因素对加氧灌溉掺气比例，溶解氧浓度，溶解氧饱和度，氧传质效率及水、氧、气均匀系数的影响，以揭示加氧灌溉下水力传输调控机制。

2）加氧灌溉的根区土壤通气性和土壤健康状况改善效应研究

以常规地下滴灌为对照进行生物试验，设置不同加氧方式、不同灌溉水量、不同施肥量和不同加氧量，通过系统监测加氧灌溉下各时期的土壤充水孔隙度、充气孔隙度、土壤温度、土壤氧气指标（溶解氧、氧气扩散速率、氧化还原电位）、土壤呼吸速率、土壤酶活性和土壤微生物量的动态变化特征，研究加氧灌溉对根区土壤环境的改善效应；通过相关关系分析和多元回归方程分析，得到加氧灌溉下的关键通气性指标。

3）加氧灌溉的生物效应研究

以常规地下滴灌为对照，通过对不同灌溉水量和溶解氧浓度的设置，系统研究土壤湿润体内的充水孔隙度、溶解氧、氧化还原电位和氧气扩散速率的变化特性及其相关关系，以明确非种植作物条件下土壤湿润体的通气性改善效应。以普通地下滴灌为对照，以紫茄、番茄、冬小麦和辣椒为供试作物，研究加氧灌溉对根际土壤溶解氧、氧化还原电位、氧气扩散速率和土壤呼吸速率的影响；分析各相关通气性指标与土壤呼吸速率的耦合关系，揭示加氧灌溉条件下土壤通气性的改善机制。以普通地下滴灌为对照，开展加氧灌溉对蔬菜（紫茄、番茄、小白菜、甜椒）、水果（草莓）和粮食作物（小麦）的生长生理、产量品质和水肥利用的影响研究。通过对作物株高茎粗、叶绿素、气孔导度和净光合速率等作物生长生理指标，植株的氮、磷、钾的吸收量，作物产量，果实 VC 含量、糖酸比和可溶性固形物等品质指标的系统测定，揭示加氧灌溉对作物生长生理、产量品质和水肥利用间的响应关系。

4）加氧灌溉增产提质的机理研究

根据 2）中根区土壤通气性状况以及 3）中作物生长生理响应规律，构建加氧灌溉与作物生长生理（作物生理指标、生物量积累、养分吸收利用）、作物产量品质之间耦合关联关系的结构方程模型，探讨加氧灌溉对作物生长、生理的改善机理。通过分析加氧灌溉对作物产量品质的影响因素和影响路径，揭示了加氧灌溉促进作物增产提质的作用机理。

5）加氧灌溉的环境效应研究

以普通滴灌为对照，开展加氧灌溉对作物种植和非作物种植条件下土壤 N_2O 排放的影响研究。通过对土壤温度、充水孔隙度、氧气含量、氧化还原电位等物理指标，土壤 NO_3^--N 和 NH_4^+-N 等化学指标，氨氧化古菌和氨氧化细菌等微生物指标和土壤 N_2O 排放通量的系统监测，辨识影响加氧灌溉作物种植和非作物种植条件下土壤 N_2O 排放的主要影响因子，揭示加氧灌溉对土壤 N_2O 排放的影响机制。

第 2 章　加氧灌溉原理及装备研发

2.1　系统设计原理

当水流经过文丘里空气射流器时，因涌流横截面积变小，流速上升。整个涌流在同一时间内经过管道发生缩小现象，因而压力减小，产生压力差，在压力差的作用下吸附空气进行曝气。采用循环水泵使承压水箱中的水流循环通过文丘里空气射流器进行曝气，最终形成均匀的水气耦合物。文丘里空气射流器结构示意图及实物图如图 2-1 所示。

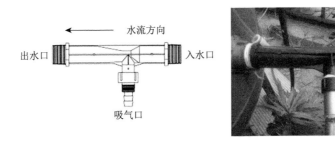

图 2-1　文丘里空气射流器结构示意图及实物图

2.2　加氧灌溉地下氧灌系统及其控制方法

2.2.1　系统组成

加氧灌溉地下氧灌系统如图 2-2 所示。

2.2.2　系统控制方法

（1）将水源入水口与有压供水源相连通，将低位出水口或者高位出水口与地下滴灌管道相连通，并将另外一个出水口始终保持关闭状态；设置压力安全阀限值及压力控制器调控上限，当承压水箱内的空气压力高于所设定的压力安全阀限值时，压力安全阀自动泄气直到压力达到所设限值。

（2）开启电源开关，空气压缩机、水位控制器、压力控制器、溶解氧控制器处于工作状态，并设置溶解氧控制器值域，当承压水箱内的压力达到控制压力上限时，空气压缩机停止工作。

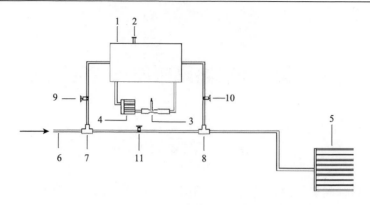

图 2-2　加氧灌溉地下氧灌系统示意图

1，曝气储水罐；2，排气阀；3，文丘里空气射流器；4，增压泵；5，各灌水毛管；6，输水干管；7，三通 1；8，三通 2；
9，第一水量控制阀；10，第二水量控制阀；11，第三水量控制阀

（3）开启入水电磁阀，使其处于工作状态，自动检测水位，当检测水位低于低水位时，水位控制器触发入水电磁阀工作，开始向承压水箱供水，同时施肥器开始工作；供水过程中，由于承压水箱顶部的空气被压缩，承压水箱压力升高，当压力高于控制压力上限时，压力安全阀开始泄气。

（4）当水位上升到低水位时，开启增压泵，使其进入运行状态，水肥流体通过内循环水口，经文丘里空气射流器流回承压水箱形成内循环流动，在内循环流动过程中文丘里空气射流器向通过的水肥流体曝气；压力控制器对承压水箱内封闭的空气压力自动检测，并与所设定的压力上限对比，高于压力上限时，压力安全阀自动泄气直到压力达到所设值域；当水位继续上升，达到高水位时，入水电磁阀关闭；溶解氧控制器处于开启状态，自动检测溶解氧含量。

（5）当承压水箱内水肥溶液中的溶解氧达到设定值域时，关闭增压泵，停止内循环流动和文丘里空气射流器的曝气，第一出水电磁阀（当利用高位出水口供水时）或者第二出水电磁阀（当利用低位出水口供水时）打开并持续向滴灌管道供水，直至水位下降至低水位线，出水电磁阀关闭并启动入水电磁阀进水，同时施肥器开始工作，保持承压水箱内的水位在低水位线之上，如此周而复始地对水位、压力、溶解氧进行监测和控制，实现完整的灌溉过程。

2.2.3　系统创新

与已有技术相比，加氧灌溉地下氧灌系统具有突出的实质性特点和显著进步：

（1）空气的掺入通过文丘里空气射流器完成，保证空气以微纳米气泡的形式均匀地掺入到水中，随着水流均匀地输送到植物根区土壤内。

（2）通过循环曝气的形式同时结合水量控制阀的控制来调节空气掺入量，空气掺入比例范围宽广且调节灵活方便，可根据作物根系在不同生长季节对氧气的需求情况来确定，以满足作物对氧气的需求。

（3）该系统功能多样，当第一水量控制阀、第二水量控制阀均打开，增压泵正常工作时，在正常的供水条件下该系统可以进行地下氧灌；当第一水量控制阀、第二水量控制阀均关闭而第三水量控制阀打开时，在正常的供水条件下该系统可以进行普通的地下滴灌。

（4）把掺气水或者掺气水肥混合液体输送到植物根区，能有效改善植物根周围的水肥气热环境，这种技术是一种节水、省肥、高效的新型灌溉技术。

（5）该系统结构简单、成本低、能量损耗小、掺气比例可控、使用和管理维修方便、节约劳力，同时可将肥料溶于水，进行肥水灌溉，提高肥料的利用效率，减少肥料对土壤和地下水的污染。

2.3　加氧灌溉装备研发

2.3.1　低成本空气射流加氧灌溉系统

低成本空气射流加氧灌溉系统示意图如图 2-3 所示。

低成本空气射流加氧灌溉系统及其控制方法与已有技术相比具有突出的实质性特点和显著进步：①加压空气通过文丘里空气射流器，以微纳米气泡的形式与水肥流体均匀混掺，不会出现水气分离和分层的现象，以保证混合流体随着水流均匀地输送到植物根区土壤内；②通过加压循环曝气的形式，同时结合溶解氧控制器对承压水箱内水体的动态监测来控制空气掺入，空气掺入比例范围宽广，可根据作物根系在不同生长季节对氧气的需求情况来确定，以满足作物对氧气的需求；③该系统可实现对水位、水气混合比及施肥量等要素的自动控制，实现水肥气一体化灌溉，提高肥料的利用效率，减少肥料对土壤和地下水的污染。

2.3.2　高效射流曝气氧灌系统

高效射流曝气氧灌系统示意图如图 2-3 所示。

该系统包括循环曝气装置，承压水箱、储水箱和压力控制器，储水箱与承压水箱连通，所述循环曝气装置与承压水箱连通，循环曝气装置由变压吸附（pressure swing adsorption，PSA）制氧机、氧气扩散器及文丘里射流器构成，所述 PSA 制氧机、氧气扩散器均与压力控制器连接。相对于现有技术，该系统通过文丘里空气射流器装置和氧气扩散器的组合二次曝气，提高曝气水富氧性能，保证了制备的水气混合体在长距离输水过程中也能保持稳定的溶解氧水平，实现了加氧灌溉在漫灌、畦灌和沟灌等地面灌溉领域的应用，通过不同阀门开关的设置，该系统还可以实现不加氧的水肥耦合灌溉、单次曝气和多次曝气的加氧水肥气耦合灌溉功能。

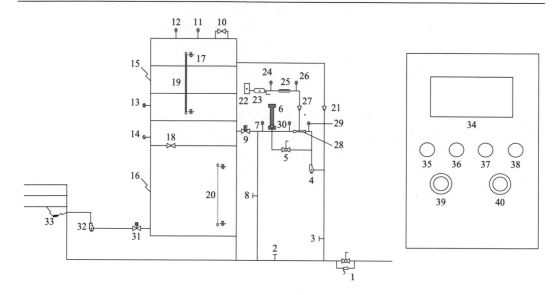

图 2-3　高效射流氧灌系统示意图

1，施肥器；2，田间供水控制水阀；3，循环曝气供水控制水阀；4，增压泵Ⅰ；5，流量阀；6，氧气扩散器；7，压力表Ⅰ；8，承压水箱供水控制水阀；9，入水电磁阀；10，压力安全阀；11，压力表Ⅱ；12，压力控制器；13，溶解氧传感器；14，温度变送器；15，承压水箱；16，储水箱；17，导流隔板；18，水箱导水阀门；19，水位传感器Ⅰ；20，水位传感器Ⅱ；21，单向阀Ⅰ；22，PSA制氧机；23，气体压缩机；24，压力表Ⅲ；25，转子流量计；26，压力表Ⅳ；27，单向阀Ⅱ；28，文丘里空气射流器；29，压力表Ⅴ；30，压力表Ⅵ；31，出水电磁阀；32，增压泵Ⅱ；33，田间供水系统；34，触摸屏；35，自动指示灯；36，手动指示灯；37，电源指示灯；38，急停开关；39，电源开关；40，气泵开关

2.3.3　智能化水肥气一体化滴灌系统

智能化水肥气一体化滴灌系统示意图如图 2-4 所示。

该系统设有储水容器，连接有进水管路、进气管路，可以进水，还可以混入气体，实现水气耦合；储水容器连接有水气混合管路，将混入气体的水气混合物排出，连接滴灌控制系统，可以实现单独灌溉，水中含有气体，利于农作物生长。而且，进气管路上设有进气流量计，可以实时监测进气量，根据需要进行调节，使得掺气比例可调。进气管路上，设有多级离心泵、乳化器，可以提高水中的气泡性状，从而提高掺气比例。水气混合管路上于滴灌控制单元的连接处连接有施肥单元，施肥泵可以将施肥罐内的肥液泵至灌溉的管路中，与水气混合，形成水气肥三者混合的水气肥混合液，从而进行施肥、灌溉。各管路上均设有阀门，通过调节阀门的开关，还可以实现单独灌溉、单独施肥，满足用户需求，根据田地情况，精确管理。

2.3.4　水肥气热一体化滴灌智能控制装置及其控制方法

水肥气热一体化滴灌智能控制装置示意图如图 2-5 所示。

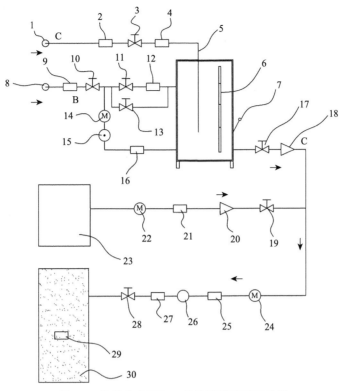

图 2-4　智能化水肥气一体化滴灌系统示意图

1，进水口；2，第一过滤装置；3，第一阀门；4，水流量计；5，储水容器；6，液位计；7，溶解氧仪；8，进气口；9，气体流量计；10，第二阀门；11，第六阀门；12，磁化器；13，第七阀门；14，多级离心泵；15，第一压力表；16，乳化器；17，第三阀门；18，第一单向阀；19，第四阀门；20，第二单向阀；21，肥液流量计；22，施肥泵；23，施肥罐；24，滴灌泵；25，混合液流量计；26，第二压力表；27，第二过滤装置；28，第五阀门；29，四合一传感器；30，田地；B，进气管路；C，气水混合管路

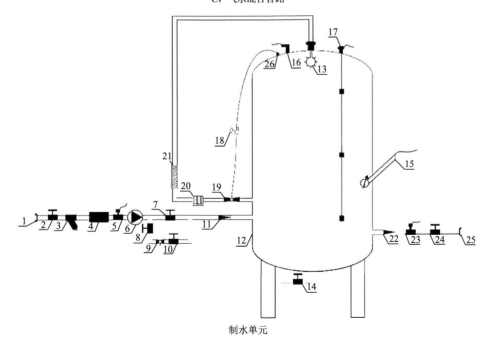

制水单元

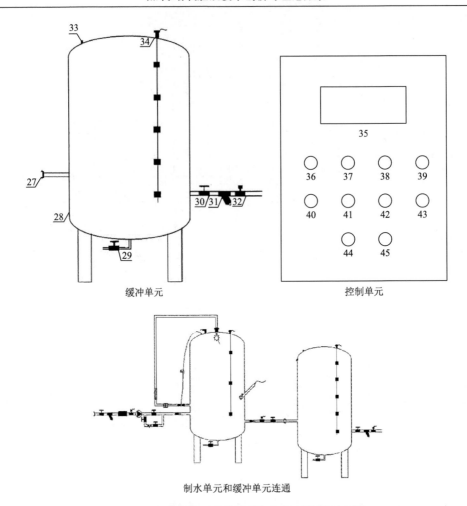

缓冲单元　　　　　　　　　　　　　控制单元

制水单元和缓冲单元连通

图 2-5　水肥气热一体化滴灌智能控制装置示意图

1，进水快速接头；2，进水手动阀；3，过滤器Ⅰ；4，热式水加热控制器；5，制水罐进水电磁阀；6，流量计；7，吸肥手动阀Ⅰ；8，吸肥手动阀Ⅱ；9，文丘里施肥器；10，吸肥手动阀Ⅲ；11，进水逆止阀；12，制水罐；13，曝气液释放器；14，制水罐排污阀；15，溶解氧控制器—温度变送器；16，制水罐压力变送器；17，制水罐浮球液位计；18，气液混合阀；19，文丘里曝气装置；20，自吸循环泵；21，静态混合器；22，导水逆止阀；23，导水电磁阀；24，出水阀门；25，导水快速接头；26，压力调节器；27，储水罐进水管路快速接头；28，储水罐；29，储水罐排污阀；30，储水罐出水手动阀；31，过滤器Ⅱ；32，储水罐出水电磁阀；33，储水罐压力变送器；34，储水罐浮球液位计；35，PLC 控制器；36，自动指示灯；37，手动指示灯；38，电源指示灯；39，气泵指示灯；40，急停开关；41，蜂鸣器；42，电源开关；43，气泵开关；44，压力调节器泄压开关；45，压力调节器增压开关

2.4　小　　结

利用加氧灌溉系统，可生产数量更多、更均匀的微纳米气泡，使得掺气比例由现有技术的 12%提高到 30%以上，有效提高了曝气效率，实现了对宽泛掺气比例的水气两相流制备及掺气比例的调控。

第3章　加氧灌溉水气传输特性及其优化研究

3.1　加氧灌溉水气出流均匀度测量系统与方法

3.1.1　测量系统

针对目前缺乏测量加氧灌溉水气出流均匀度的技术与手段的实际，本章设计了一种测量加氧灌溉水气出流均匀度的系统与方法。加氧灌溉水气出流均匀度测量系统示意图如图 3-1 所示。该系统模拟了加氧灌溉的出流边界条件，通过水量平衡原理可以得到各个灌水器的出水流量，依据气体基本定律，可以计算出每一个灌水器的出气流量，在此基础上利用有关的均匀度计算公式，可以计算出加氧灌溉水气出流的均匀度。该系统与方法为加氧灌溉水气出流均匀度的研究提供了技术支持。

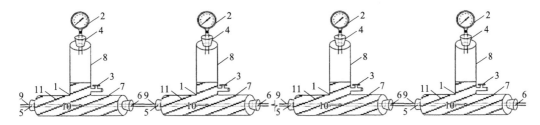

图 3-1　加氧灌溉水气出流均匀度测量系统示意图

1，测箱；2，压力计；3，排水阀；4～6，密封塞；7，水平管；8，垂直管；9，滴灌毛管；10，灌水器；11，土体

3.1.2　测量步骤及计算方法

采用上述测量系统对加氧灌溉水气出流均匀度进行测量的方法包括以下步骤：

（1）把待测的滴灌毛管通过密封塞 5 和密封塞 6 依次穿过 n 个测箱的水平管，每个测箱的水平管中只有一个灌水器出水孔，保持该灌水器出水孔在水平管的中间位置并且开口向下，确保密封塞 5 和密封塞 6 与滴灌毛管及水平管所接触的边界密封不透气、不漏水；

（2）拔下 n 个测箱的垂直管上的密封塞 4 及其连接的微型压力计，将实验所用土壤通过垂直管均匀地填装入每一个测箱内，土壤装填到达垂直管的排水阀上方 3cm 处即可；

（3）向滴灌毛管供应水气混合流体，开始氧灌；

（4）当测箱垂直管内的土壤表面出现一定厚度的积水时（1～3cm），记录好每个测箱积水面的位置，用密封塞 4 将垂直管密封，同时开始计时，测算出此时每个测箱垂直管内封闭的气体体积 V（m^3）；

（5）当时间达到特定长度（10～30min）或者积水面高度超过一定高度后（5～15cm），以先到的为准，灌溉停止，记录灌溉的时间 T（min），打开排水阀并利用量杯接出积水，直到积水的位置和开始计时时重合，记录所流出的水量 V_1（m^3）；

（6）观测并记录微型压力计的读数 P（Pa），考虑到封闭气体的温度在测量过程变化较小，其对封闭气体压力的影响可忽略，利用下式可计算出垂直管内新增加的气体数量 V_2（m^3）：$V_2 = (P/P_0-1)V$，式中，P_0 为周围大气压力（Pa）；

（7）利用公式 $Q_w = V_1/T$ 和 $Q_a = V_2/T$ 可分别计算出所测灌水器的出水流量 Q_w（m^3/min）和出气流量 Q_a（m^3/min）；

（8）根据步骤（1）～（7）即可计算出 n 个灌水器的出水流量 $Q_{w1}, Q_{w2}, Q_{w3}, \cdots, Q_{wn}$ 和出气流量 $Q_{a1}, Q_{a2}, Q_{a3}, \cdots, Q_{an}$；

（9）计算所测 n 个灌水器的出水平均流量 $\bar{Q}_w$：

$$\bar{Q}_w = \frac{Q_{w1} + Q_{w2} + Q_{w3} + \cdots + Q_{wn}}{n} \qquad (3\text{-}1)$$

（10）计算所测 n 个灌水器的出气平均流量 $\bar{Q}_a$：

$$\bar{Q}_a = \frac{Q_{a1} + Q_{a2} + Q_{a3} + \cdots + Q_{an}}{n} \qquad (3\text{-}2)$$

（11）计算所测 n 个灌水器的出水流量平均差 $\Delta\bar{Q}_w$：

$$\Delta\bar{Q}_w = \frac{\sum_{i=1}^{n} |Q_{wi} - \bar{Q}_w|}{n} \qquad (3\text{-}3)$$

（12）计算所测 n 个灌水器的出气流量平均差 $\Delta\bar{Q}_a$：

$$\Delta\bar{Q}_a = \frac{\sum_{i=1}^{n} |Q_{ai} - \bar{Q}_a|}{n} \qquad (3\text{-}4)$$

（13）依据步骤（9）和（11）的结果可计算出水流量均匀度 C_{uw}：

$$C_{uw} = 1 - \frac{\Delta\bar{Q}_w}{\bar{Q}_w} \qquad (3\text{-}5)$$

（14）依据步骤（10）和（12）的结果可计算出气流量均匀度 C_{ua}：

$$C_{ua} = 1 - \frac{\Delta\bar{Q}_a}{\bar{Q}_a} \qquad (3\text{-}6)$$

3.2　掺气比例监测方法及模型研究

3.2.1　基于排水法的微纳米气泡实时监测装置及掺气比例计算方法

加氧灌溉水气混合流体中的掺气比例是加氧灌溉的一个关键技术指标。不同的掺气比例将显著影响灌溉的效果、作物生长发育乃至最终的经济产量。加氧灌溉产生了大量微纳米气泡，因气泡过于微小，采用传统的排水法测量掺气比例难以实现。如何准确测定加氧灌溉的掺气比例一直是困扰相关技术人员的难题。本章结合排水法，利用真空袋简易、可收缩的特性，自制了一种简易的微纳米气泡实时监测的真空装置，可实现对沿程掺气比例的准确监测。微纳米气泡测量真空装置如图 3-2 所示。

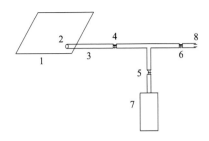

图 3-2　微纳米气泡测量真空装置
1，真空袋；2，真空吸口；3，真空吸管；
4，球阀 1；5，球阀 2；6，球阀 3；
7，真空泵；8，变径接头

　　利用该装置收集水气耦合物时，将变径接头与采样点"T"形三通相连，并将球阀 1 和球阀 2 打开，利用真空泵将真空袋及真空吸管中的空气抽出；待真空袋被抽为真空，关闭球阀 1 和球阀 2；打开"T"形三通，球阀 1 和球阀 3 即可完成滴灌带采样点处水气耦合物的收集。收集水量以 400～500mL 为宜。收集完成后，关闭球阀 1，将水气耦合物静置 1h。待收集的水气耦合物实现水气分离，即可利用排水法收集气体，利用式（3-7）计算掺气比例。

$$C_a = \frac{W_1 - W_2}{W_3 - W_4} \times 100\% \qquad (3\text{-}7)$$

式中，C_a 为掺气比例，%；W_1 为集气瓶＋满水的重量，g；W_2 为集气瓶＋气体＋瓶中剩余水的重量；W_3 为真空袋＋水气耦合物的重量，g；W_4 为真空袋的重量，g。

3.2.2　基于流体黏度改变的掺气比例计算模型

　　本章基于水动力学原理，参考现有水流黏度与含气量的研究结果，经过理论分析，提出了一种水气耦合滴灌掺气比例计算模型，如式（3-8）：

$$4.44\mu C_a^2 + 0.157\mu C_a + \mu - \frac{\left[\dfrac{h_f d^{4.75}}{1.47kFLQ^{1.75}}\right]^4 \rho}{10} = 0 \qquad (3\text{-}8)$$

　　该计算模型是关于掺气比例 C_a 的一元二次方程，利用该模型，通过测量沿程水头损失 h_f、滴灌带内径 d、孔口扩大系数 k、多口系数 F、滴灌带长度 L 以及总流量 Q 等容易测量的参数，可计算出水气耦合滴灌带中水气混合流体的掺气比例 C_a。与实测数据相比，该模型计算结果的相对误差维持在 5% 以内，二者的相关系数在 0.99 以上，达极显著相关水平，表明该模型在估算加氧灌溉水气混合流体中的掺气比例 C_a 上是可行的。

3.3　加氧灌溉下水氧传输特性研究

3.3.1　试验内容

　　微咸水的合理开发利用已成为缓解水资源紧缺的有效途径之一，可缓解粮食产量和农业用水之间的矛盾，在农业可持续发展方面有广阔的前景。微咸水中 NaCl 的存在及活性剂的添加对提高加氧灌溉的氧传质效率、实现节能高效的灌溉有重要作用。本章采用

AirSep-Seair-Mazzei 系统进行曝气，制备微纳米气泡水，拟实现微咸水及曝气水超高溶解氧在输水管道的均匀传输，为加氧灌溉技术的大范围推广提供支持。

3.3.2 试验原理

利用 AirSep-Seair-Mazzei 系统进行曝气，将文丘里空气射流器置于水流的干路上，当水流通过文丘里空气射流器喉部时，液体速度随着涌流横截面积急剧减小而上升，压力迅速减小，产生压力差，进而将气体吸入水流。将变压吸附制氧机和文丘里空气射流器相连，以保证持续稳定地向文丘里空气射流器提供纯氧气源。曝气水与吸入的氧气分别作为液相和气相进入扩散器进行二次曝气。通过水泵持续将储水罐中的水抽出，以实现循环曝气。

3.3.3 试验设计

试验中采用非压力补偿式滴灌带，型号为 NETAFIM，长度为 150m，滴头间距为 0.5m，内径为 25mm，壁厚为 0.38mm，滴头的额定流量为 1.05L/h。从曝气装置出水口接入，于距地面 10cm 处水平铺设。试验中采用的活性剂 BS1000（醇烷氧基化物，Crop Care Australia Pty，Murarrie，Queensland，Australia）为非离子型活性剂，质量浓度为 1000g/L，可生物降解，对环境无负面影响。试验中设置不添加和添加 0.1mol/L NaCl 介质两种处理，分别记为 M_0、M_1，设置 4 个活性剂质量浓度水平，分别为 0mg/L、1mg/L、2mg/L 和 4mg/L，分别记为 C_0、C_1、C_2 和 C_3，共计 8 个试验组合方案。每个试验组合 3 个重复。试验装置布置示意图如图 3-3 所示。

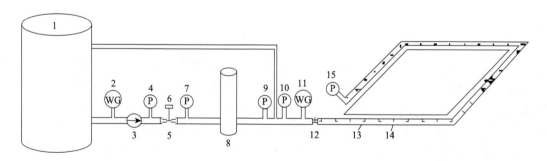

图 3-3　试验装置布置示意图

1，储水罐；2，水表 1；3，水泵；4，压力表 1；5，文丘里空气射流器；6，变压吸附制氧机；7，压力表 2；8，扩散器；9，压力表 3；10，压力表 4；11，水表 2；12，闸阀；13，非压力补偿式滴灌带；14，滴头；15，压力表 5

3.3.4 测定指标及计算方法

1. 氧总传质系数

氧总传质系数是反映氧气转移能力和衡量曝气效率的重要指标。试验中利用 AirSep-

Seair-Mazzei 系统，以纯氧与水混掺进行循环曝气。氧传递的基本方程（邹联沛等，2010；Souza et al.，2014）可由式（3-9）表示：

$$\frac{\mathrm{d}C}{\mathrm{d}t} = K_{\mathrm{La}} \times (C_{\mathrm{m}} - C) \tag{3-9}$$

式中，K_{La} 为氧总传质系数，min^{-1}；C 为 t 时刻水中溶解氧浓度，mg/L；t 为曝气时间，min；C_{m} 为曝气过程中水中最大溶解氧浓度，mg/L。

为了计算方便，对式（3-9）进行积分变换，绘制 $\ln(C_{\mathrm{m}}-C)$-t 的函数曲线，利用回归法拟合线性方程（丁志强和曹瑞钰，2004），即可求得 K_{La}。

K_{La} 受温度的影响很大，故需要进行校正（刘春等，2010）。氧总传质系数与温度存在如下关系：

$$K_{\mathrm{La}}(20) = K_{\mathrm{La}}(T) \times \theta^{(20-T)} \tag{3-10}$$

式中，T 为温度，℃；$K_{\mathrm{La}}(T)$ 为温度为 T 时的氧总传质系数，min^{-1}；$K_{\mathrm{La}}(20)$ 为温度为 20℃时的氧总传质系数，min^{-1}；θ 为常数，微纳米气泡中取 1.029（刘春等，2010）。

2. 溶解氧饱和度

滴灌带中溶解氧测量连接装置如图 3-4 所示。测量溶解氧值时，将溶解氧测定仪探针插入相应样本点的溶解氧测量连接装置中，打开球阀即可。

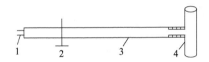

图 3-4　溶解氧测量连接装置示意图

1，软管；2，球阀；3，螺纹立管；4，螺纹三通

水中饱和溶解氧（$\mathrm{DO_f}$）的含量主要与温度和大气压有关。试验中 $\mathrm{DO_f}$ 可由张朝能（1999）提出的式（3-11）求得：

$$\mathrm{DO_f} = \frac{477.8}{T + 32.26} \tag{3-11}$$

式中，$\mathrm{DO_f}$ 为饱和溶解氧，mg/L。

溶解氧饱和度（W_{D}）是指气体的溶解氧含量占所处条件下饱和含量的比例，即

$$W_{\mathrm{D}} = \frac{C_{\mathrm{t}}}{C_{\mathrm{s}}} \bigg/ \times 100 \tag{3-12}$$

式中，W_{D} 为溶解氧饱和度，%；C_{t} 为某一温度下滴灌带中监测的溶解氧，mg/L；C_{s} 为该温度条件下的饱和溶解氧，mg/L。

3. 灌溉均匀性

灌溉均匀性是衡量灌溉质量重要的指标之一。采用克里斯琴森公式（姜春莉等，2011）计算均匀系数，其包括流量均匀系数和溶解氧均匀系数。

$$M = \frac{1}{n} \times \sum_{i=1}^{n} x_i \tag{3-13}$$

$$D = \frac{1}{n} \times \sum_{i=1}^{n} |x_i - \bar{x}| \tag{3-14}$$

$$CUC = \left(1 - \frac{D}{M}\right) \times 100\% \tag{3-15}$$

式中，M 为样本点平均流量，L/h；x_i 为第 i 个滴头的流量；L/h；D 为各滴头流量与平均流量之差绝对值的平均值，L/h；CUC 为流量均匀系数，%。

溶解氧均匀系数的计算利用式（3-13）～式（3-15），将滴头流量换为样本点溶解氧值即可。

3.3.5　NaCl 介质及生物降解活性剂对氧总传质系数的影响

不同试验处理下的氧总传质系数如表 3-1 所示。表 3-1 表明，活性剂的添加促进氧传质过程的发生，C_1、C_2 和 C_3 下的 K_{La}（20）显著高于 C_0 下的 K_{La}（20）（$P < 0.05$）。M_0C_1、M_0C_2 和 M_0C_3 组合的 K_{La}（20）分别为 0.145min^{-1}、0.178min^{-1} 和 0.213min^{-1}，较 M_0C_0 分别提高了 18.85%、45.90% 和 74.59%（$P < 0.05$）；组合 M_1C_1、M_1C_2 和 M_1C_3 的 K_{La}（20）分别为 0.157min^{-1}、0.216min^{-1} 和 0.248min^{-1}，较 M_1C_0 分别提高了 21.71%、67.44% 和 92.25%（$P < 0.05$）。

表 3-1　不同试验处理下的氧总传质系数

组合条件	温度/℃	最高溶解氧浓度 /(mg/L)	氧总传质系数/min^{-1}	
			T	20℃
M_0C_0	23.7	35.30	0.134d	0.122e
M_0C_1	22.6	35.85	0.154cd	0.145d
M_0C_2	21.9	36.15	0.185c	0.178c
M_0C_3	22.1	35.30	0.231b	0.213b
M_1C_0	22.4	35.34	0.137d	0.129e
M_1C_1	20.3	36.89	0.158cd	0.157cd
M_1C_2	24.7	32.17	0.247ab	0.216b
M_1C_3	21.9	35.38	0.259a	0.248a

注：M_0、M_1 分别表示不添加和添加 0.1mol/L NaCl；$C_0 \sim C_3$ 表示活性剂 BS1000 质量浓度分别为 0mg/L、1mg/L、2mg/L 和 4mg/L；小写字母不同表示差异显著（$P < 0.05$），小写字母相同表示差异不显著，下同。

添加活性剂条件下，K_{La}（20）随着活性剂浓度增大而增大，未添加 NaCl 介质条件下，浓度 C_2 和 C_3 的 K_{La}（20）较浓度 C_1 分别提高了 22.76% 和 46.90%（$P < 0.05$）；添加 NaCl 介质条件下，浓度 C_2 和 C_3 的 K_{La}（20）较浓度 C_1 分别提高 37.58% 和 57.96%（$P < 0.05$）。当活性剂浓度为 C_0 和 C_1 时，M_0 和 M_1 的 K_{La}（20）差异不显著（$P > 0.05$）。当浓度为 C_2 和 C_3 时，M_0 和 M_1 的 K_{La}（20）差异显著（$P < 0.05$），C_2 和 C_3 在添加 NaCl 介质条件下的 K_{La}（20）较未添加 NaCl 介质条件下分别增加 21.35% 和 16.43%（$P < 0.05$），故添加 2mg/L 及以上浓度的 BS1000，NaCl 介质的添加对 K_{La}（20）的增加影响显著。

3.3.6　压力及活性剂浓度对氧总传质系数的影响

氧总传质系数作为气液两相间氧气传质效率的参数，是反映循环曝气设备灌溉水中溶解氧浓度、气液界面局部湍动、循环液速等对气相、液相氧气传质过程影响的重要参考指标（臧明等，2018）。不同的压力及阴离子活性剂十二烷基硫酸钠（sodium dodecyl sulfate，SDS）添加浓度会对氧总传质系数产生重要影响。试验探究了不同压力及 SDS 浓度组合条件下氧总传质系数的变化动态，考虑到氧总传质系数受水温的影响，因此采用温度校正之后的数值。试验结果如表 3-2 所示。

表 3-2　不同压力和活性剂浓度组合条件下的氧总传质系数

组合条件	温度/℃	K'_{La}/s^{-1}	K_{La}（20）$/s^{-1}$
P_1S_0	25.3	0.038k	0.034i
P_2S_0	24.2	0.045j	0.041h
P_3S_0	24.3	0.068i	0.061g
P_1S_1	22.7	0.082h	0.077f
P_2S_1	22.7	0.116b	0.109b
P_3S_1	22.7	0.124a	0.117a
P_1S_2	22.6	0.098f	0.092d
P_2S_2	22.5	0.106d	0.10c
P_3S_2	22.5	0.099e	0.093d
P_1S_3	22.9	0.086g	0.081e
P_2S_3	22.7	0.11c	0.103c
P_3S_3	22.7	0.101e	0.095d

注：K'_{La} 为不同温度下的氧总传质系数；K_{La}（20）为温度为 20℃时的氧总传质系数。设定 0.5bar、1bar 和 1.5bar，3 个工作压力，分别记作 P_1、P_2 和 P_3，设置 4 个活性剂浓度 0mg/L、5mg/L、10mg/L 和 15mg/L，分别记作 S_0、S_1、S_2、S_3。

表 3-2 展示了不同压力以及不同 SDS 添加浓度对氧总传质系数的影响。由表 3-2 可知，当压力为 0.5bar[①]时，P_1S_1、P_1S_2、P_1S_3 组合的氧总传质系数分别为 0.077s^{-1}、0.092s^{-1}、0.081s^{-1}，与 P_1S_0 组合相比，氧总传质系数分别提高 126.47%、170.59% 和 138.24%（$P<$ 0.05）。当压力为 1bar 时，P_2S_1、P_2S_2 和 P_2S_3 组合与 P_2S_0 相比，氧总传质系数分别提高了 165.85%、143.90% 和 151.22%（$P<0.05$）。当压力增加到 1.5bar 后，组合 P_3S_1、P_3S_2 与 P_3S_3 的氧总传质系数比 P_3S_0 组合分别提高了 91.8%、52.46% 和 55.74%（$P<0.05$）。清水条件下氧总传质系数均低于添加 SDS 后的氧总传质系数，由此可知，SDS 的添加显著提高了氧总传质系数（$P<0.05$），促进曝气氧传质的发生。另外，清水条件下氧总传质系数随着压力的增大而提高，当添加 S_0 浓度的 SDS 时，P_2S_0、P_3S_0 组合的氧总传质系数较 P_1S_0 分别提高了 20.59% 和 79.41%（$P<0.05$）。当 SDS 的添加浓度为 S_1 时，P_2S_1、P_3S_1

---

① 1bar = 10^5Pa。

组合的氧总传质系数较 P_1S_1 分别提高了 41.56% 和 51.95%。添加 S_3 浓度的 SDS 后，P_2S_3、P_3S_3 组合较 P_1S_3 的氧总传质系数分别提高了 27.16% 和 17.28%（$P<0.05$）。其中，氧总传质系数的最大值出现在 P_3S_1 组合时，最大值为 0.117。总体而言，SDS 的添加和压力的增大均提高了氧总传质系数，促进曝气氧传质的发生。

3.3.7 压力对溶解氧的影响

灌溉水中的溶解氧浓度是反映循环曝气装置好坏的一个评价指标，溶解氧浓度受水温、氧分压等因素的影响。图 3-5 为循环曝气过程中溶解氧浓度随压力的变化动态。

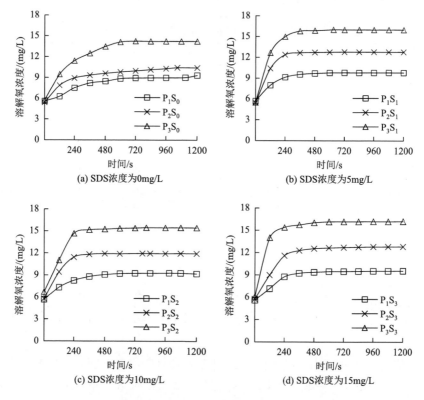

图 3-5 溶解氧浓度随压力的变化动态

由图 3-5（a）可知，在不添加 SDS 的情况下，水中饱和溶解氧浓度随压力的提高而增大。当压力为 P_1 时，循环曝气过程中水中的饱和溶解氧浓度为 9.01mg/L；当压力为 P_2 时，循环曝气过程中水中的饱和溶解氧浓度为 10.43mg/L；当压力达到 P_3 时，水中的饱和溶解氧浓度为 14.24mg/L。压力由 P_1 升高至 P_3，水中的饱和溶解氧浓度增幅分别为 15.76% 和 58.05%（$P<0.05$）。由图 3-5（b）可知，添加 5mg/L 的 SDS 后，P_2S_1 组合水中的饱和溶解氧浓度为 12.79mg/L，P_3S_1 组合水中的饱和溶解氧浓度为 15.99mg/L，P_2S_1、P_3S_1 组合与 P_1S_1 相比，水中的饱和溶解氧浓度分别提高了 30.38% 和 63%（$P<0.05$）。由图 3-5（c）可知，添加 10mg/L 的 SDS 后，当压力从 P_1 升高到 P_3 后，水中的饱和溶解氧浓度分

别显著提高了 28.77% 和 66.7%（$P < 0.05$）。由图 3-5（d）可知，当 SDS 的添加浓度为 15mg/L 时，水中饱和溶解氧浓度随压力的增大分别提高了 34.14% 和 69.84%（$P < 0.05$）。由此可知，随着压力的增大，不同浓度的 SDS 对水中饱和溶解氧浓度的提升均在 15.76% 以上（$P < 0.05$），溶解氧浓度在 0～240s 内随压力的提升增幅较大，240s 之后增幅较平缓。

3.3.8　活性剂浓度对溶解氧的影响

活性剂通过改变气液界面的传质特性来影响灌溉水中的溶解氧浓度。不同活性剂浓度对水中溶解氧的影响状况如图 3-6 所示。

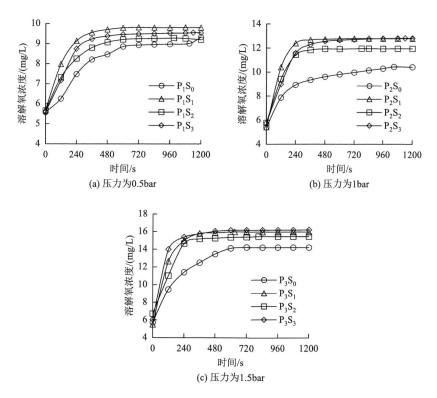

图 3-6　溶解氧浓度随活性剂浓度的变化动态

图 3-6 为水中溶解氧浓度随着活性剂浓度的变化动态。由图 3-6 可知，无论制水罐中是否添加 SDS，水中的溶解氧浓度都会随着压力的提升而增大。当压力设置为 0.5bar（P_1）时，清水条件下（S_0）水中的饱和溶解氧浓度为 9.01mg/L；添加 S_1 浓度的 SDS 后，水中的饱和溶解氧浓度达到 9.81mg/L，与清水条件相比饱和溶解氧浓度提高了 8.88%（$P < 0.05$）；当添加的 SDS 浓度升高至 S_2 时，水中的饱和溶解氧浓度为 9.28mg/L，与 S_1 相比饱和溶解氧值略有下降，但高于清水条件；当 SDS 的添加浓度为 S_3 时，循环曝气水中的饱和溶解氧浓度为 9.55mg/L，S_2、S_3 浓度下水中饱和溶解氧浓度与 S_0 相比分别提高 3% 和 6%（$P < 0.05$）。当压力升高到 P_2 时，清水条件下水中的饱和溶解氧浓度为 10.43mg/L，

与 P_2S_1、P_2S_2 和 P_2S_3 组合相比,水中饱和溶解氧浓度分别提高了 22.63%、14.57% 和 22.82%($P<0.05$)。当压力增加到 P_3 时,清水条件下水中饱和溶解氧浓度达到 14.24mg/L,随着 SDS 浓度的增加,水中饱和溶解氧浓度分别比 P_3S_0 组合提高了 12.29%、8.63% 和 13.9%($P<0.05$)。由此可见,在相同的压力下,添加 SDS 可以显著提高水中的饱和溶解氧浓度。

3.3.9　NaCl 介质及生物降解活性剂对灌溉均匀性的影响

灌溉均匀性是衡量灌溉质量的重要指标之一。表 3-3 列出了不同试验处理下的灌溉均匀性。各组合条件下的流量均匀性较高且无显著性差异,均在 95% 以上。各组合条件下的溶解氧均匀性较高且无显著性差异,均在 97% 以上。利用 AirSep-Seair-Mazzei 系统进行循环曝气,各活性剂浓度的能耗成本均较低,且均匀性较高、差异不显著。故本章研究认为,不管采用微咸水灌溉与否,1mg/L 的 BS1000 是适宜的活性剂添加浓度。

表 3-3　不同试验处理下的灌溉均匀性

组合条件	温度/℃	平均流量/(L/h)	流量均匀性/%	溶解氧均匀性/%
M_0C_0	21.5	2.59±0.023a	95.92±0.827a	97.17±0.845a
M_0C_1	21.2	2.61±0.007a	96.21±0.180a	97.97±0.370a
M_0C_2	19.6	2.59±0.025a	96.67±0.117a	97.93±0.510a
M_0C_3	19.5	2.60±0.012a	95.50±0.084a	98.60±0.040a
M_1C_0	22.3	2.59±0.020a	96.60±0.224a	98.10±0.470a
M_1C_1	20.1	2.59±0.015a	96.52±0.203a	97.93±0.845a
M_1C_2	21.8	2.60±0.013a	96.40±0.289a	97.62±0.050a
M_1C_3	20.1	2.58±0.013a	96.36±0.061a	97.94±0.895a

注:M_0、M_1 分别表示不添加和添加 0.1mol/L NaCl;$C_0\sim C_3$ 表示活性剂 BS1000 质量浓度分别为 0mg/L、1mg/L、2mg/L 和 4mg/L。

3.4　加氧灌溉下水气均匀性影响因素分析及管道优化研究

3.4.1　试验内容

加氧灌溉过程中水气传输均匀性是评价加氧地下灌溉质量的重要指标。活性剂的添加和传输方式的优选对加氧灌溉传输过程中微纳米气泡的存在和溶解氧的保持有重要意义。试验中利用微纳米气泡实时监测装置及溶解氧测定仪监测曝气水的掺气比例和溶解氧浓度,探究活性剂 BS1000 质量浓度和连接方式对掺入气体传输规律和溶解氧变化特性的影响。其研究结果可为加氧灌溉过程中参数的优化及灌溉管道的布置提供理论依据,对实际生产有一定的指导意义。

3.4.2　试验设计

试验中以空气和氧气为供试气源,系统研究滴灌带双向和单向 2 种传输方式及 0mg/L、

1mg/L、2mg/L 和 4mg/L 4 个活性剂质量浓度对传输过程中滴灌带压力和流量、掺气比例、溶解氧和水、氧气、空气均匀性的影响，共 16 个处理，3 次重复。曝气过程中将空气压缩机或氧气罐打开，通过压力自动控制装置维持密闭承压罐的压力为 0.1MPa。曝气完成后，将滴灌带首部的闸阀打开，待滴灌带中水气耦合物运行稳定（单向传输，10min；双向传输，7min）后开始试验。首部供水压力设置为 0.1MPa。试验中于每个采样点接入"T"形三通，监测沿程掺气量、溶解氧和压力；并将各采样点处滴灌带垫起 10cm，以便接取滴头出流水量。滴头出流水量通过定时监测采样点出流水量计算。采样点压力通过精密压力表相连"T"形三通测量。溶解氧和水温通过便携式 Fibox4 光纤微氧传感器测定（PreSens，德国），精度为 0.01。活性剂 BS1000 是醇烷氧基化物，可生物降解，临界胶束浓度为 1～5mg/L。

3.4.3　试验布置

加氧灌溉装置及管道布置示意图如图 3-7 所示。试验中采用的循环曝气装置可产生巨量的微纳米气泡，储水罐的体积为 500L，水泵的型号为 HJ-620E（台州韩进泵业有限公司），文丘里空气射流器的型号为 Mazzei 1087。供试纯氧由氧气罐供应，纯度达 99.99%，可通过减压阀调控供氧流量和供氧压力。通过自动控制系统，可维持曝气和供水过程中压力稳定，压力误差为 ±0.005MPa。非压力补偿式滴灌带型号为 John Deere，滴头间距为 0.33m，额定流量为 1.20L/h，额定工作压力为 0.16MPa。试验中滴灌带从曝气装置出水口接入，通过"T"形三通首尾相连，于地面水平铺设。

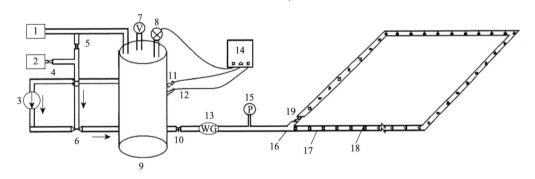

图 3-7　加氧灌溉装置及管道布置示意图

1，空气压缩机；2，氧气罐；3，水泵；4，减压阀；5，闸阀1；6，文丘里空气射流器；7，排气阀；8，压力控制器；9，储水罐；10，闸阀2；11，溶解氧控制器；12，温度变送器；13，水表；14，自动控制系统；15，压力表；16，"T"形三通；17，滴灌带；18，滴头；19，闸阀3

3.4.4　活性剂添加与管道双向传输下掺气比例及出气均匀性

图 3-8 列出了不同试验处理下沿程掺气比例的变化。单向传输时，掺气比例随着传输距离的增加呈现增加的趋势，在传输距离为 160～200m 时掺气比例明显增加。双向传输时，掺气比例随着传输距离的增加呈现先增加后减小的趋势，在传输距离为 80～120m 时掺气比例明显增加。另外，掺气比例随着活性剂浓度的增加呈现增加的趋势。

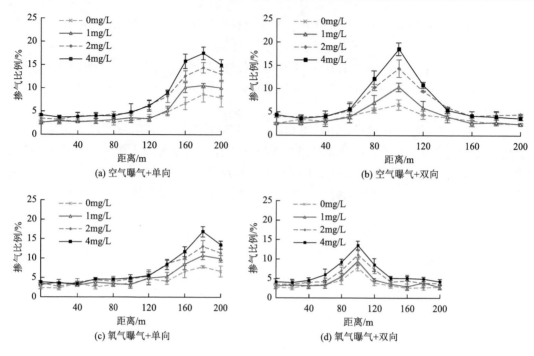

图 3-8　不同试验处理下沿程掺气比例的变化

不同试验处理下平均掺气比例和出气均匀性列于表 3-4。随着活性剂浓度的增加，平均掺气比例显著增加。空气曝气单向传输下，1mg/L、2mg/L 和 4mg/L BS1000 的平均掺气比例较不掺气增加了 17.42%、60.41% 和 80.32%（$P<0.05$）；氧气曝气单向传输下，1mg/L、2mg/L 和 4mg/L BS1000 的平均掺气比例较不掺气增加了 25.00%、55.05% 和 69.27%（$P<0.05$）。

表 3-4　不同试验处理下平均掺气比例和出气均匀性

曝气类型	活性剂浓度/(mg/L)	单向传输		双向传输	
		平均掺气比例/%	出气均匀性/%	平均掺气比例/%	出气均匀性/%
AA	0	4.42±0.11f	53.73±4.34e	3.76±0.30gh	67.71±1.09ab
	1	5.19±0.05e	50.86±2.99e	4.29±0.14fg	67.03±2.98b
	2	7.09±0.37bc	52.28±2.07e	6.32±0.30d	70.99±2.47ab
	4	7.97±0.11a	48.53±3.79f	6.90±0.12bc	71.48±2.72ab
OA	0	4.36±0.35f	56.94±3.85c	3.56±0.20h	68.35±1.00ab
	1	5.45±0.25e	56.88±4.42cd	4.25±0.58fgh	72.01±1.54a
	2	6.76±0.41cd	56.08±4.52cd	5.17±0.75e	71.03±0.91ab
	4	7.38±0.33b	53.70±2.99e	6.45±0.39d	72.39±2.62a

注：AA 表示空气曝气；OA 表示氧气曝气。不同字母表示存在显著性差异（$P<0.05$），下同。

空气曝气双向传输下，2mg/L 和 4mg/L BS1000 的平均掺气比例较不掺气增加了 68.09%

和 83.51%（$P<0.05$），而 1mg/L BS1000 的平均掺气比例较不掺气无显著性差异（$P>$ 0.05）；氧气曝气双向传输下，2mg/L 和 4mg/L BS1000 的平均掺气比例较不掺气增加了 45.22%和 81.18%（$P<0.05$），而 1mg/L BS1000 的平均掺气比例较不掺气无显著性差异（$P>0.05$）。空气曝气和氧气曝气下的掺气比例差异基本不显著（$P>0.05$）。

由表 3-4 可得，单向传输的出气均匀性在 48%以上，双向传输的出气均匀性在 67% 以上。单向传输下出气均匀性随着活性剂浓度的增加呈现降低的趋势，其中 1mg/L 和 2mg/L BS1000 的出气均匀性较 0mg/L 差异不显著（$P>0.05$）。空气曝气和氧气曝气单向 传输下，4mg/L BS1000 的出气均匀性较不掺气分别降低了 9.68%和 5.69%（$P<0.05$）。 单向传输下，氧气曝气的出气均匀性高于空气曝气，氧气曝气 0mg/L、1mg/L、2mg/L 和 4mg/L BS1000 的出气均匀性较空气曝气提高 5.97%、11.84%、7.27%和 10.65%（$P<0.05$）； 双向传输下，各处理的出气均匀性基本无显著性差异（$P>0.05$）。双向传输下，空气曝 气 0mg/L、1mg/L、2mg/L 和 4mg/L BS1000 的出气均匀性较单向传输分别提高了 26.02%、 31.79%、35.79%和 47.29%（$P<0.05$）；氧气曝气 0mg/L、1mg/L、2mg/L 和 4mg/L BS1000 的出气均匀性较单向传输分别提高了 20.04%、26.60%、26.66%和 34.80%（$P<0.05$），故 双向传输的出气均匀性较单向传输显著提高，平均达 31.12%。

3.4.5　活性剂添加与管道双向传输下溶解氧及溶解氧均匀性

表 3-5 列出了不同试验处理下平均溶解氧和溶解氧均匀性。空气曝气和氧气曝气的溶 解氧均值较未曝气显著提高。单向传输条件下，处理 AA 和 OA 的溶解氧较 NA 平均提高 了 160.80%和 617.05%（$P<0.05$）；双向传输条件下，处理 AA 和 OA 的溶解氧较 NA 平 均提高了 185.26%和 641.88%（$P<0.05$）。

表 3-5　不同试验处理下平均溶解氧和溶解氧均匀性

曝气类型	活性剂浓度/(mg/L)	单向传输			双向传输		
		温度/℃	溶解氧/(mg/L)	溶解氧均匀性/%	温度/℃	溶解氧/(mg/L)	溶解氧均匀性/%
NA	0	20.6	5.16±0.05g	95.92±1.26d	21.2	5.02±0.06g	96.99±0.96bcd
AA	0	25.4	12.84±0.08f	93.34±0.67g	20.4	13.89±0.29def	97.33±0.29abc
	1	21.2	13.12±0.35ef	92.80±0.62g	22.2	14.15±1.56de	96.47±0.21cd
	2	24.1	13.99±1.46def	93.62±1.50f	21.9	14.69±0.62d	97.07±1.46abc
	4	24.7	13.88±0.14def	93.95±0.69e	23.4	14.55±0.28d	97.97±0.05d
OA	0	22.3	34.22±1.10c	97.66±0.72abc	21.5	35.47±0.60bc	98.62±0.16a
	1	22.3	37.30±0.84a	97.80±0.73ab	22.0	37.75±0.73a	98.37±0.27a
	2	23.5	37.94±1.11a	98.37±0.38a	23.1	37.90±0.64a	97.23±1.32abc
	4	24.5	38.54±0.93a	97.76±0.23ab	24.2	37.85±0.48a	98.24±0.37ab

注：NA 表示未曝气。

单向传输时，氧气曝气条件下 0mg/L、1mg/L、2mg/L 和 4mg/L BS1000 的溶解氧较空气曝气分别增加了 166.51%、184.30%、171.19%和 177.67%（$P<0.05$）。双向传输时，氧气曝气条件下 0mg/L、1mg/L、2mg/L 和 4mg/L BS1000 下的溶解氧较空气曝气分别增加了 155.36%、166.78%、158.00%和 160.14%（$P<0.05$）。活性剂的添加可显著提高曝气水中的溶解氧。氧气曝气单向传输时，1mg/L、2mg/L 和 4mg/L BS1000 的溶解氧较 0mg/L 分别提高了 9.00%、10.87%和 12.62%（$P<0.05$）；氧气曝气双向传输时，1mg/L、2mg/L 和 4mg/L BS1000 的溶解氧较 0mg/L 分别提高了 6.43%、6.85%和 6.71%（$P<0.05$）。由表 3-5 可得，单向传输的溶解氧均匀性在 92%以上，双向传输的溶解氧均匀性在 96%以上。空气曝气下双向传输的溶解氧均匀性较单向传输显著提高，而氧气曝气下双向传输的溶解氧均匀性较单向传输无显著性差异。空气曝气时，双向传输条件下 0mg/L、1mg/L、2mg/L 和 4mg/L BS1000 的溶解氧均匀性较单向传输显著增加了 4.27%、3.95%、3.69%和 4.28%（$P<0.05$），故双向传输时溶解氧均匀性平均提高 4.05%。

3.4.6 活性剂添加与管道双向传输下滴头流量及流量均匀性

图 3-9 列出了加氧灌溉下不同传输方式的压力及流量变化。单向传输时，压力和流量均随着传输距离的增加而减小。双向传输时，压力和流量随着传输距离的增加呈现先减小后增加的趋势。

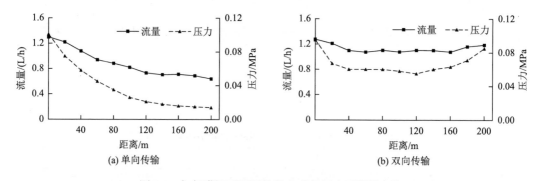

图 3-9   加氧灌溉下不同传输方式的压力及流量变化

不同试验处理下平均流量及流量均匀性列于表 3-6。单向传输时，NA、AA 和 OA 条件下滴头平均流量分别为 0.95L/h、0.93L/h 和 0.94L/h；双向传输时，NA、AA 和 OA 条件下滴头平均流量均为 1.21L/h。空气曝气单向传输时，2mg/L 和 4mg/L BS1000 的流量均匀性较未曝气处理分别减小了 3.48%和 3.22%（$P<0.05$）；氧气曝气单向传输时，0mg/L 和 2mg/L BS1000 的流量均匀性较未曝气处理分别减小了 1.53%和 2.28%（$P<0.05$）。

表 3-6   不同试验处理下平均流量及流量均匀性

曝气类型	活性剂浓度/(mg/L)	单向传输		双向传输	
		流量/(L/h)	流量均匀性/%	流量/(L/h)	流量均匀性/%
NA	0	0.95±0.004	85.17±0.15bc	1.21±0.004	95.98±0.15a
AA	0	0.94±0.009	84.90±0.30bc	1.21±0.001	95.70±0.40a

续表

曝气类型	活性剂浓度/(mg/L)	单向传输		双向传输	
		流量/(L/h)	流量均匀性/%	流量/(L/h)	流量均匀性/%
AA	1	0.94±0.011	84.50±1.08cd	1.20±0.012	95.93±0.45a
	2	0.93±0.011	82.21±0.92g	1.20±0.015	95.89±0.45a
	4	0.92±0.008	82.43±0.58fg	1.21±0.013	96.52±0.96a
OA	0	0.94±0.011	83.87±0.64de	1.22±0.007	96.17±0.79a
	1	0.95±0.012	85.55±0.34b	1.21±0.013	95.99±0.47a
	2	0.94±0.003	83.23±0.61ef	1.20±0.012	96.41±0.11a
	4	0.93±0.011	84.25±0.11cd	1.21±0.018	96.48±0.31a

双向传输时，各处理的流量均匀性无显著性差异（$P>0.05$），均在 95% 以上。较单向传输而言，双向传输流量均匀性较单向传输分别提高了 12.69%、15.00%、14.31%（$P<0.05$），故双向传输的流量均匀性平均提高 14.00%。

3.5　小　　结

（1）活性剂的添加对氧传质过程起到促进作用；添加活性剂条件下，各组合条件的氧总传质系数随着活性剂浓度的增加而显著增加；BS1000 浓度在 2mg/L 及以上时，NaCl 介质的添加对氧总传质系数的增幅影响显著。

（2）SDS 的添加和压力的增大均提高了氧总传质系数，促进曝气氧传质的发生。在相同的压力下，添加 SDS 可以显著提高水中的饱和溶解氧浓度。随着压力的增加，不同浓度的 SDS 对水中饱和溶解氧浓度的提升均在 15.76% 以上（$P<0.05$），溶解氧浓度在 0~240s 内随压力的提升增幅较大，240s 之后增幅趋于平缓。

（3）双向传输的连接方式可以显著提高加氧灌溉的流量均匀性。双向传输的流量均匀性均在 95% 以上，较单向传输提高 14.00%。空气曝气双向传输的溶解氧均匀性较单向传输提高 4.05%。单向传输时，掺气比例随着传输距离的增加呈现增加的趋势；双向传输时，掺气比例随着传输距离的增加呈现先增加后减小的趋势；掺气比例随着活性剂浓度的增加而增加；双向传输的出气均匀性较单向传输提高 31.12%。

（4）综合考虑传输过程中流量均匀性、溶解氧均匀性和出气均匀性，双向传输是加氧灌溉推荐的连接方式。

第4章 加氧灌溉土壤湿润体内水氧变化特性研究

4.1 试 验 内 容

灌溉造成的水分入渗置换了土壤孔隙中的空气，导致土壤湿润区通气性下降。加氧灌溉基于水气耦合原理，在为土壤补水的同时又提供了必要的空气，为改善灌溉造成的土壤通气性下降提供了技术支撑。本章研究于设施菜地采取原状土进行室内恒温试验（图4-1），设置不同灌水定额、灌溉水溶解氧浓度组合方案，来研究土壤通气性特征及水-氧入渗分布规律。研究加氧灌溉培养土柱土壤剖面的充气孔隙度、溶解氧浓度、氧气扩散速率等通气性指标随时间和空间的变化规律，对明确加氧灌溉土壤通气性改善机理有重要意义，可以为加氧灌溉技术的完善提供理论支持。

图4-1 室内土柱试验

4.2 试 验 设 计

试验将变压吸附制氧与微纳米气泡水制备技术相耦合进行循环曝气，设置3个加氧水平和2个水分处理，共计6个处理，每个处理3次重复。3个加氧水平为5mg/L（对照，C）、15mg/L（空气加氧，A）和40mg/L（纯氧加氧，O）灌溉水溶解氧浓度，2个水分处理为模拟田间灌溉至90%田间持水量（W_1）和70%田间持水量（W_2），经预备试验计算其分别为2.0L和1.0L。试验中土壤温度控制为25℃。其中，对照处理和纯氧加氧处理首先进行，这两个处理的所有重复进行完毕后，再进行空气加氧处理的试验。

4.3　试 验 布 置

滴头埋深 5cm，滴灌毛管从距土柱上沿向下 2cm 处打孔穿出，用胶密封。滴灌首部供水压力设置为 0.10MPa。滴灌采用额定流量 2.2L/h 的压力补偿式滴头〔NETAFIM，NETAFIM（北京）农业科技有限公司〕。灌溉装置示意图如图 4-2 所示。

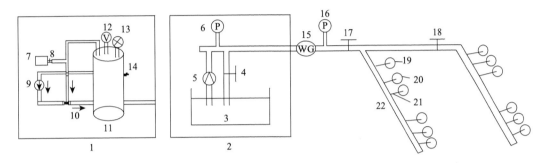

图 4-2　灌溉装置示意图

1，循环曝气装置；2，对照供水装置；3，储水箱；4，闸阀 1；5，水泵 1；6，压力表 1；7，氧气罐；8，减压阀；9，水泵 2；10，文丘里空气射流器；11，承压水罐；12，排气阀；13，压力控制器；14，溶解氧控制器；15，水表；16，压力表 2；17，闸阀 2；18，闸阀 3；19，压力补偿式滴头；20，土柱；21，供水毛管；22，供水干管

试验前进行土柱侧壁灌浆、压实和凡士林浇筑，防止灌溉过程中水分沿侧壁渗漏。每个土柱监测距滴头 5cm 和 15cm 处（即距土表 10cm 和 20cm 处）的土壤充水孔隙度、土壤溶解氧浓度、土壤氧化还原电位和土壤氧气扩散速率。

4.4　指标监测及计算方法

4.4.1　土壤充水孔隙度（WFPS）

室内培养试验的剖面水分采用土壤剖面水分速测仪监测（TRIME-T3/T3C，德国 TRIME-FM 公司）；室内培养试验和辣椒栽培试验中土壤平均含水量采用烘干法测定。土壤 WFPS 的计算如式（4-1）所示（杜娅丹等，2017）：

$$\text{WFPS} = \frac{\theta_v}{1 - \dfrac{\gamma}{2.65}} \tag{4-1}$$

式中，WFPS 为土壤充水孔隙度；θ_v 为土壤的体积含水率，%；γ 为土壤容重，g/cm^3。

4.4.2　土壤溶解氧浓度、土壤氧化还原电位和土壤氧气扩散速率

土壤溶解氧浓度采用便携式 Fibox4 光纤微氧传感器测定。土壤氧化还原电位和氧气

扩散速率采用原位氧化还原电位测量仪（中国上海仪电科学仪器股份有限公司）进行测定（Letey and Stolzy，1964）。试验中于土柱的侧壁打孔，插入溶解氧探头或测量电极，并用胶密封。室内培养试验中于同一处理的任一土柱中埋入参比电极和铜对电极，并于每个土柱距离土面 10cm 处水平插入铂金电极（测量电极）和溶解氧探针，其中铂金电极和溶解氧探针对称布设。

4.5　不同灌水量及溶解氧浓度对湿润体土壤孔隙含水率的影响

图 4-3 列出了不同处理湿润体内土壤孔隙含水率动态。不同处理的水分状况均呈现随时间逐步下降的趋势，深度越浅趋势越明显。在距离滴头较近的 10cm 深度处，加氧处理的土壤孔隙含水率较对照处理无显著差异，影响各处理的土壤孔隙含水率的主要因素是灌溉水量。

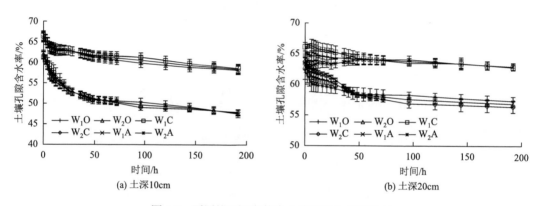

图 4-3　不同处理湿润体内土壤孔隙含水率动态

在 20cm 处，由于加氧处理掺入一定的气体（空气和氧气），其水分入渗较对照会有所减少，这种情况在高水量处理中更为明显。在 W_1 处理中，W_1O、W_1C 和 W_1A 的最大土壤孔隙含水率分别为 65.08%、66.28% 和 64.07%，W_1C 较 W_1A 增大了 3.45%，而 W_1O 和 W_1C 无差异；在 W_2 处理中，各处理土壤孔隙含水率的变化无显著差异。

4.6　不同灌水量及溶解氧浓度对湿润体土壤充气孔隙度的影响

图 4-4 列出了不同处理湿润体内土壤充气孔隙度动态。不同处理的土壤充气孔隙度状况和保持特性各有特点，但均呈现随时间逐步上升的趋势，深度越浅趋势越明显。加氧处理的土壤充气孔隙度较对照处理无显著差异，影响各处理的充气孔隙度的主要因素是灌溉水量。

在 20cm 处，由于加氧处理掺入一定的气体（空气和氧气），其充气孔隙度会有所增大，这种情况在土壤水分含量较高时更为明显。在 W_1 处理中，当 W_1O、W_1C 和 W_1A 达到最大土壤孔隙含水率时，其土壤充气孔隙度分别为 18.71%、18.07% 和 19.25%，W_1A

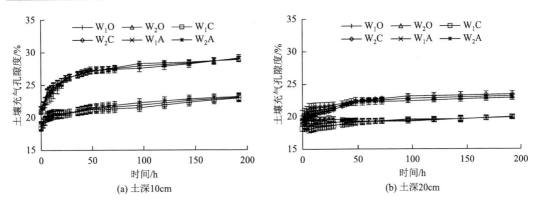

图 4-4　不同处理湿润体内土壤充气孔隙度动态

较 W_1C 增大了 6.53%，而 W_1O 和 W_1C 无差异；W_2 水平下各处理土壤充气孔隙度的变化无显著差异。

4.7　不同灌水量及溶解氧浓度对湿润体土壤溶解氧浓度的影响

图 4-5 为不同处理湿润体内溶解氧浓度动态。由于各处理灌溉用水的溶解氧浓度各不相同，各处理的土壤中溶解氧的分布和保持特性有所区别，但大体上都遵循先下降后上升的趋势。灌溉水将土壤孔隙中的空气驱离，降低了湿润体中的溶解氧浓度，且灌溉水量越大降低越明显，而加氧灌溉将空气或氧气掺入灌溉水中，提高了灌溉水源中的溶解氧浓度（15mg/L 和 40mg/L），进而缓解了溶解氧的下降趋势。

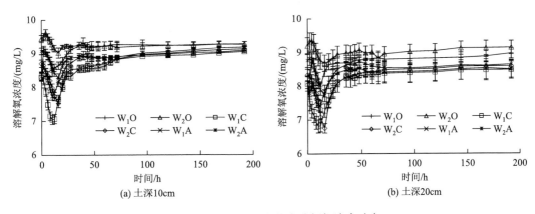

图 4-5　不同处理湿润体内溶解氧浓度动态

在 10cm 深度处，各处理于灌溉 10～16h 时溶解氧浓度下降至最小值，此时 W_1O 和 W_1A 分别为 8.45mg/L 和 7.75mg/L，较 W_1C 处理（7.05mg/L）分别增大了 19.86% 和 9.93%，W_2O 和 W_2A 分别为 9.03mg/L 和 8.28mg/L，较 W_2C 处理（7.54mg/L）分别增大了 19.76% 和 9.81%；且 W_2 处理的溶解氧浓度要大于 W_1 处理。而在 36h 处，W_1O、W_2O、W_1A 和 W_2A 处理恢复稳定，值分别为 9.25mg/L、9.26mg/L、8.90mg/L 和 8.91mg/L，纯氧加氧处

理的溶解氧浓度略微大于空气加氧，对照处理在 72h 处恢复稳定，此时 W_1C 和 W_2C 分别为 8.84mg/L 和 8.85mg/L。统计各处理变化明显时期（0～72h）的均值，W_1O、W_1A 和 W_2O、W_2A 分别为 8.99mg/L、8.55mg/L 和 9.28mg/L、8.84mg/L，较对照处理（8.14mg/L 和 8.43mg/L）分别增大了 10.44%和 5.04%、10.08%和 4.86%。

而 20cm 深度处，各个处理的变化趋势基本相同，而溶解氧浓度有所降低。当各处理于灌溉 10～16h 时下降至最小值时，W_1O 和 W_1A 分别为 7.99mg/L 和 7.41mg/L，较 W_1C 处理（6.81mg/L）分别增大了 17.33%和 8.81%，W_2O 和 W_2A 分别为 8.69mg/L 和 7.72mg/L，较 W_2C 处理（6.75mg/L）分别增大了 28.74%和 14.37%。W_1O、W_1A 和 W_2O、W_2A 的 0～72h 溶解氧浓度均值分别为 8.56mg/L、8.14mg/L 和 8.99mg/L、8.49mg/L，较对照处理（7.78mg/L 和 8.03mg/L）分别增大了 10.03%、4.63%和 11.96%、5.73%。

4.8　不同灌水量及溶解氧浓度对湿润体土壤氧化还原电位的影响

不同处理湿润体土壤氧化还原电位动态如图 4-6 所示。同溶解氧浓度的趋势类似，氧化还原电位也呈现先下降后上升最后恢复稳定的趋势。

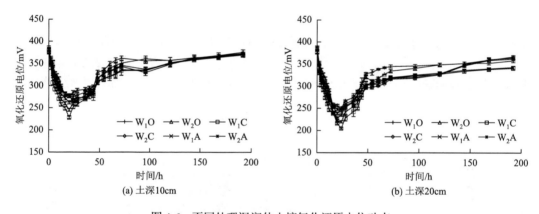

图 4-6　不同处理湿润体土壤氧化还原电位动态

在 10cm 深度，各处理于 20h 处下降至最低值，此时 W_1O、W_1A 和 W_2O、W_2A 分别为 262.07mV、245.10mV 和 276.47mV、274.30mV，较对照处理（228.10mV 和 264.13mV）分别增大了 14.89%、7.45%和 4.67%、3.85%，高水量处理的增幅较大。各处理于 72h 处恢复稳定，W_1O、W_1A、W_1C、W_2O、W_2A 和 W_2C 的值分别为 350.63mV、335.73mV、333.90mV、361.63mV、345.46mV 和 343.37mV，无显著差异。各处理于 0～72h 受灌溉影响较大，W_1O、W_1A 和 W_2O、W_2A 分别为 310.71mV、299.69mV 和 321.16mV、312.09mV，较对照处理（292.20mV 和 306.52mV）分别增大了 6.33%和 2.56%、4.78%和 1.82%。

而在 20cm 深度处，各处理于 20～24h 处下降至最低值，此时 W_1O、W_1A 和 W_2O、W_2A 分别为 228.30mV、219.80mV 和 238.50mV、247.63mV，W_1 较对照处理（204.70mV）分别增大了 11.53%和 7.38%，W_2 和对照处理（244.67mV）无显著差异。20cm 深度处水分消耗较慢，各处理恢复稳定的时间有所延后，W_1O 处理于 72h 处恢复稳定，W_1A、W_1C

和 W_2O 于 96h 处恢复稳定，W_2A 和 W_2C 于 144h 处恢复稳定。各处理于 0～72h 受灌溉影响变化较大，W_1O、W_1A 和 W_2O、W_2A 分别为 301.05mV、286.81mV 和 305.79mV、297.72mV，W_1 较对照处理（278.52mV）分别增大了 8.09% 和 2.98%，W_2 较对照处理（292.06mV）无显著差异。

4.9　不同灌水量及溶解氧浓度对湿润体土壤氧气扩散速率的影响

不同处理湿润体土壤氧气扩散速率分布动态如图 4-7 所示。氧气扩散速率呈现先下降后上升最后恢复稳定的趋势。

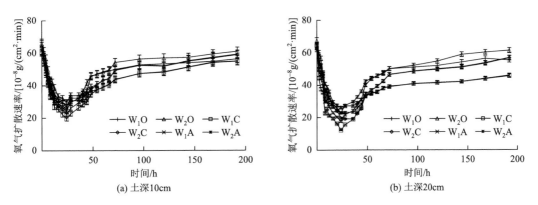

图 4-7　不同处理湿润体土壤氧气扩散速率分布动态

在 10cm 深度，各处理于 24h 处下降至最低值，此时 W_1O、W_1A 和 W_2O、W_2A 分别为 $2.540\times10^{-7}\text{g/(cm}^2\cdot\text{min)}$、$2.250\times10^{-7}\text{g/(cm}^2\cdot\text{min)}$ 和 $2.983\times10^{-7}\text{g/(cm}^2\cdot\text{min)}$、$2.703\times10^{-7}\text{g/(cm}^2\cdot\text{min)}$，较对照处理[$1.953\times10^{-7}\text{g/(cm}^2\cdot\text{min)}$ 和 $2.413\times10^{-7}\text{g/(cm}^2\cdot\text{min)}$]分别增大了 30.06% 和 15.21%、23.62% 和 12.02%，高水量处理的增幅较大。各处理于 72h 处恢复稳定，W_1O、W_1A、W_1C、W_2O、W_2A 和 W_2C 的值分别为 $5.003\times10^{-7}\text{g/(cm}^2\cdot\text{min)}$、$4.393\times10^{-7}\text{g/(cm}^2\cdot\text{min)}$、$4.367\times10^{-7}\text{g/(cm}^2\cdot\text{min)}$、$5.430\times10^{-7}\text{g/(cm}^2\cdot\text{min)}$、$4.963\times10^{-7}\text{g/(cm}^2\cdot\text{min)}$ 和 $4.940\times10^{-7}\text{g/(cm}^2\cdot\text{min)}$，无显著差异。各处理于 0～72h 受灌溉影响较大，W_1O、W_1A 和 W_2O、W_2A 的 0～72h 氧气扩散速率均值分别为 $4.109\times10^{-7}\text{g/(cm}^2\cdot\text{min)}$、$3.708\times10^{-7}\text{g/(cm}^2\cdot\text{min)}$ 和 $4.409\times10^{-7}\text{g/(cm}^2\cdot\text{min)}$、$4.069\times10^{-7}\text{g/(cm}^2\cdot\text{min)}$，较对照处理[$3.516\times10^{-7}\text{g/(cm}^2\cdot\text{min)}$ 和 $3.887\times10^{-7}\text{g/(cm}^2\cdot\text{min)}$]分别增大了 16.87%、5.46% 和 13.43%、4.68%。

而在 20cm 深度处，各处理于 24h 处下降至最低值，此时 W_1O、W_1A 和 W_2O、W_2A 分别为 $2.273\times10^{-7}\text{g/(cm}^2\cdot\text{min)}$、$1.747\times10^{-7}\text{g/(cm}^2\cdot\text{min)}$ 和 $2.610\times10^{-7}\text{g/(cm}^2\cdot\text{min)}$、$2.290\times10^{-7}\text{g/(cm}^2\cdot\text{min)}$，$W_1$ 较对照处理[$1.214\times10^{-7}\text{g/(cm}^2\cdot\text{min)}$]分别增大了 87.23% 和 43.90%，$W_2$ 较对照处理[$1.913\times10^{-7}\text{g/(cm}^2\cdot\text{min)}$]分别增大了 36.43% 和 19.71%。20cm 深度处水分消耗较慢，各处理在前 72h 变化幅度较大，而后趋于平缓，W_1O、W_1A 和 W_2O、W_2A 的 0～72h 氧气扩散速率均值分别为 $3.924\times10^{-7}\text{g/(cm}^2\cdot\text{min)}$、$3.320\times10^{-7}\text{g/(cm}^2\cdot\text{min)}$ 和 $4.067\times10^{-7}\text{g/(cm}^2\cdot\text{min)}$、$3.693\times10^{-7}\text{g/(cm}^2\cdot\text{min)}$，$W_1$ 较对照处理[$2.957\times10^{-7}\text{g/(cm}^2\cdot\text{min)}$]分

别增大了 32.70% 和 12.28%，W_2 较对照处理[3.478×10^{-7} g/(cm²·min)]分别增大了 16.94% 和 6.18%。

4.10　不同灌水量及溶解氧浓度对土壤表面土壤呼吸速率的影响

图 4-8 给出了不同处理对湿润体土壤呼吸速率的影响。

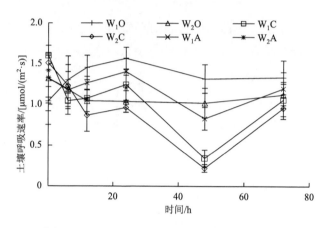

图 4-8　不同处理对湿润体土壤呼吸速率的影响

土壤呼吸是土壤与大气之间进行气体交换的主要途径，主要来自作物根系的自养呼吸作用和土壤微生物的异养呼吸作用。有研究指出，加氧灌溉将含氧物质输送到作物根区，提高了土壤气相和液相氧的数量，改善了作物根区的土壤呼吸速率，但由于土柱培养试验无作物因素，土壤呼吸速率的变化并不明显，仅 48h 处纯氧加氧处理较对照有所增加，W_1O 和 W_2O 较对照处理分别增加了 284.35% 和 363.08%。

4.11　不同灌水量及溶解氧浓度下土壤通气性影响因子相关关系分析

不同处理和深度湿润体土壤孔隙含水率（W）、充气孔隙度（F）、溶解氧浓度（DO）、氧化还原电位（Eh）和氧气扩散速率（ODR）的相关关系分析列于表 4-1。

表 4-1　不同处理和深度湿润体土壤孔隙含水率（W）、充气孔隙度（F）、溶解氧浓度（DO）、氧化还原电位（Eh）和氧气扩散速率（ODR）的相关关系分析

处理	因子	10cm					20cm				
		W	F	DO	Eh	ODR	W	F	DO	Eh	ODR
W_1O	W	1.000	-1.000^{**}	-0.624^{**}	0.327	0.281	1.000	-1.000^{**}	-0.706^{**}	0.063	0.286
	F		1.000	0.623^{**}	-0.327	-0.280		1.000	0.705^{**}	-0.067	-0.289
	DO			1.000	0.031	0.099			1.000	0.027	-0.048

续表

处理	因子	10cm					20cm				
		W	F	DO	Eh	ODR	W	F	DO	Eh	ODR
W₁O	Eh				1.000	0.962**				1.000	0.953**
	ODR					1.000					1.000
W₂O	W	1.000	−1.000**	−0.727**	0.297	0.501*	1.000	−1.000**	−0.364	0.207	0.362
	F		1.000	0.727**	−0.297	−0.501*		1.000	0.363	−0.206	−0.361
	DO			1.000	0.526*	0.644**			1.000	0.736**	0.691**
	Eh				1.000	0.963**				1.000	0.933**
	ODR					1.000					1.000
W₁C	W	1.000	−1.000**	−0.295	0.372	0.607**	1.000	−1.000**	−0.828**	−0.094	0.032
	F		1.000	0.294	−0.372	−0.608**		1.000	0.828**	0.091	−0.034
	DO			1.000	0.393	0.119			1.000	0.243	0.197
	Eh				1.000	0.921**				1.000	0.970**
	ODR					1.000					1.000
W₂C	W	1.000	−1.000**	−0.325	0.285	0.468*	1.000	−1.000**	−0.478*	0.229	0.262
	F		1.000	0.325	−0.285	−0.468*		1.000	0.477*	−0.229	−0.263
	DO			1.000	0.515*	0.505*			1.000	0.487*	0.465*
	Eh				1.000	0.946**				1.000	0.956**
	ODR					1.000					1.000
W₁A	W	1.000	−1.000**	−0.611**	0.243	0.440	1.000	−1.000**	−0.626**	0.584**	0.448
	F		1.000	0.612**	−0.245	−0.441		1.000	0.626**	−0.585**	−0.450
	DO			1.000	0.169	0.029			1.000	0.064	−0.039
	Eh				1.000	0.959**				1.000	0.952**
	ODR					1.000					1.000
W₂A	W	1.000	−1.000**	0.148	0.417	0.625**	1.000	−1.000**	0.029	0.490*	0.603**
	F		1.000	−0.148	−0.417	−0.625**		1.000	−0.030	−0.490*	−0.603**
	DO			1.000	0.558*	0.573*			1.000	0.625**	0.461*
	Eh				1.000	0.954**				1.000	0.944**
	ODR					1.000					1.000

**表示极显著相关性（$P<0.01$），*表示显著相关性（$P<0.05$），下同。

　　可以看出，不同处理土壤通气性影响因子之间的相关关系并不相同。在 10cm 深度处，W₁O、W₂O 和 W₁A 的土壤孔隙含水率和土壤溶解氧浓度呈极显著的负相关关系（$P<$ 0.01），而由于土壤孔隙含水率和土壤充气孔隙度呈负相关关系，W₁O、W₂O 和 W₁A 的土壤充气孔隙度和土壤溶解氧浓度呈显而易见的极显著正相关关系（$P<0.01$）。

　　氧化还原电位可反映土壤的氧化还原状况，氧气扩散速率能反映氧气对植物的有效性，这两者都是很有代表性的土壤通气性指标。在田间条件下，土壤氧化还原电位受外界条件影响很大，而在室内土柱试验中，6 个处理的土壤氧化还原电位和氧气扩散速率均呈现极显著的正相关关系（$P<0.01$），这是由于室内试验无作物因素干扰，在外界环境

基本一致的条件下,土壤氧化还原电位和氧气扩散速率对土壤中氧气状态的响应一致。不同水量处理下各因子的关系并不相同,在 W_2 处理中,土壤溶解氧浓度和氧化还原电位、氧气扩散速率呈显著的正相关关系($P<0.05$),而在 W_1 处理中没有这种相关关系。

4.12　小　　结

（1）加氧灌溉可显著改善土壤通气性。高灌水量下加氧处理的土壤溶解氧浓度、氧气扩散速率、氧化还原电位和土壤呼吸速率均有显著增强。

（2）纯氧加氧处理较空气加氧处理的土壤氧化还原电位和氧气扩散速率的改善效果更好。

（3）土壤环境中的液相氧对土壤通气性的影响较为明显。各处理的土壤氧气扩散速率及氧化还原电位和溶解氧浓度基本呈正相关关系,且低水量条件下相关性更为明显。

第5章 加氧灌溉对作物根际环境改善效应研究

5.1 试验区概况

试验于河南省郑州市华北水利水电大学农业高效用水试验场进行，其位于（34°47′5.91″N，113°47′20.15″E），属于半干旱区旱作农业区，北温带大陆性季风气候，四季分明、冷暖适中。年日照时数约 2400h，年平均气温 14.4℃，无霜期 220d。使用的温室型号为V96，建筑总面积 537.6m²，跨度 9.6m，开间 4m。

5.2 试 验 设 计

5.2.1 加氧灌溉紫茄根际土壤通气性改善效应试验

以普通地下滴灌为对照组（CK），设置水气耦合滴灌实验组（VAI），设置 4 次重复，小区长宽分别为 4m、2m，共 8 个小区。采用 John Deere 地下滴灌管进行灌水，滴头设计流速为 1.2L/h，滴灌带直径 16mm，壁厚 0.6mm，滴头间距 33cm，埋设深度为 15cm。不同处理之间采用插花式间隔布置，相邻小区之间布置有 60cm 深塑料膜防止干扰。每个小区供水管路单独控制，并有精密计量水表。曝气装置采用文丘里空气射流器进行加气，试验中循环水泵将水流不断地流经文丘里空气射流器，接入承压水罐顶部的空气对储水罐中的灌溉水进行曝气，储水罐体积 200L，在实施灌水之前进行循环曝气 20min 直到掺气比例稳定，此时掺气比例约为 15%。温室紫茄栽培实物如图 5-1所示。

图 5-1 温室紫茄栽培实物图

使用温室内的 $\Phi601$ 标准蒸发皿控制灌溉水量，两次灌水间隔内蒸发皿的蒸发量即单次灌水量。灌水量与蒸发皿蒸发量之间的关系由式（5-1）计算：

$$I = A \times E_{\mathrm{P}} \times K_{\mathrm{P}}\qquad\qquad(5\text{-}1)$$

式中，I 为每次各处理相应的灌水量，L；A 为小区表面积，m^2；E_{P} 表示两次灌水之间 $\Phi601$ 标准蒸发皿的蒸发量，mm；K_{P} 为蒸发皿系数（这里取 1.0）。

5.2.2　加氧灌溉冬小麦根际土壤通气性改善效应试验

以河南省中牟县黄黏土为供试土壤，土壤机械组成中砂、粉、黏粒含量分别为 34.59%、31.94% 和 33.47%，pH 为 7.1，土壤有机质含量为 1.45%，土壤速效氮、速效磷、速效钾含量分别为 94.12mg/kg、14.10mg/kg 和 172.65mg/kg；供试小麦品种为郑麦 136，全生育期约 220 天。

以地下水为灌溉水源、地下滴灌为供水方式，设置 3 个加氧和 1 个无加氧对照处理（CK），共计 4 个处理，5 次重复。其中，3 个加氧处理分别为文丘里空气射流器循环曝气（VAI）、过氧化氢 3000（HP3K）型和过氧化氢 0030（HP0030）型，具体如下：

VAI：将文丘里空气射流器（Mazzei air injector 684，Mazzei Corp，美国）置于水流的干路上，利用偏压射流器从承压水箱顶部吸取空气，使用循环水泵将灌溉水往复通过文丘里空气射流器进行循环曝气。每次灌溉前曝气 20min，然后再进行灌溉，灌水压力为 0.1MPa，此时掺气比例约 15%，溶解氧约为 15mg/L。

HP3K：使用 30% 的 HP3K 型农用双氧水溶液（Evonik Industries AG，德国）配制 15mg/L 的溶液进行灌溉，该过氧化氢溶于水中可缓慢释放氧气，灌溉水中的溶解氧可较长时间保持高浓度水平。

HP0030：使用 HP0030 型 30% 浓度的农用过氧化氢（Evonik Industries AG，德国）配制 15mg/L 的溶液进行灌溉，与 HP3K 型农用双氧水溶液相比，HP0030 型释放氧气的速度较慢，持续时间更长。

HP3K、HP0030 和 CK 处理采用 20L 容积的储水桶作为储水工具，在灌溉前将桶中的灌溉水稀释成设计浓度，而后使用水泵（PLD-1206，中国石家庄市普兰迪机电设备有限公司）进行灌水，以精密压力表和分流开关控制压力。采用地下滴灌方式进行灌溉，每桶中心位置埋设一个滴头 [NETAFIM，以色列耐特菲姆（广州）农业科技有限公司]，流量 2.2L/h，灌溉压力为 0.1MPa，滴头埋深 15cm。

盆栽为圆形，高 50cm，直径 40cm。桶壁包裹一层遮阳布，随机布置。每盆装土初始质量为 80kg，质量含水量 25%，干土重 64kg。冬小麦栽培实物图如图 5-2 所示。

冬小麦 2016 年 10 月 22 日播种，2017 年 5 月 18 日收获。每盆播种 300 粒，播种深度为 3～4cm，播种后出苗整齐后做间苗处理，保留 200 株。试验于移动遮雨棚下进行，降雨时用雨棚遮挡，其余时间打开雨棚。灌水上限为 85% 田间持水量，初次灌水灌至上限，而后采用称重法监测土壤含水量，当土壤含水量下降到 65% 田间持水量时，进行补水至 80% 田间持水量。灌溉前后称重，计算每次灌溉水量。

图 5-2　冬小麦栽培实物图

采用的缓释肥料为施乐多（N15-P15-K30 + TE，河北康拓肥料有限公司）。播种前，基肥用量 159g/m^2，均匀搅拌施于表层土体的 1/3 处。分别于播种后 110d 和 151d 通过水肥耦合方式追肥 2 次，每次 79.5g/m^2。

5.2.3　加氧灌溉番茄根际土壤通气性改善效应试验

供试番茄品种为"金鹏 8 号"。供试土壤为壤质黏土，容重 1.1g/cm^3，砂粒、粉粒和黏粒质量分数分别为 34.59%、31.94% 和 33.47%，pH 为 7.1，土壤有机质含量为 1.32%，土壤速效氮、速效磷和速效钾含量分别为 87.14mg/kg、12.16mg/kg 和 135.36mg/kg。

采用盆栽试验，设置灌水量和加氧量两因素两种水平完全随机试验，分别记为 W$_1$ 和 W$_2$（60% 和 1.0 倍作物-蒸发皿系数）、A 和 C（加氧和对照处理），5 次重复。加氧处理通过将文丘里空气射流器置于水流的干路上，利用偏压射流器从承压水箱顶部吸取空气，使用循环水泵将灌溉水往复通过文丘里空气射流器进行循环曝气。每次灌溉前曝气20min，然后再进行灌溉，灌水压力为 0.1MPa，此时掺气比例约 12%。盆栽桶为圆形，高 50cm，直径 40cm。于温室内进行试验，盆栽埋入土壤中，使盆栽内外土温不受影响。每盆盆栽装土初始质量为 80kg，质量含水量 25%。采用地下滴灌方式进行灌溉，每桶中心位置埋设一个滴头（NETAFIM），流量 2.2L/h，灌溉压力为 0.1MPa，滴头埋深 15cm。

于 2017 年 9 月 27 日移植作物，番茄为 4 叶 1 心至 5 叶 1 心。移植当天浇透底水，移植后 10 天开始加氧处理，株高 30～40cm 时进行吊蔓，三穗果实时打顶。番茄生育期共计 124d，生育期划分为：苗期（2017 年 9 月 27 日～10 月 21 日）、开花坐果期（2017 年 10 月 22 日～11 月 5 日）、果实膨大期（2017 年 11 月 6 日～12 月 9 日）、成熟期（2017 年 12 月 10 日～2018 年 1 月 28 日）。灌水量依据式（5-1）计算。

通过 Φ601 标准蒸发皿测得的蒸发量控制灌水量，每天 8:00～9:00 测定蒸发量。灌水周期为 4～5d，灌水时间为 9:00～12:00。

采用的缓释肥料为施乐多（N15-P15-K30 + TE，河北康拓肥料有限公司）。播种前，基肥用量为 30g/桶，均匀搅拌施于表层土体的 1/3 处。分别于第 64d 和第 94d 通过水肥耦合方式追肥 2 次，每次 10g/桶。

5.2.4　加氧灌溉辣椒根际土壤通气性改善效应试验

试验设置施氮量、掺气量、灌水量三因素两种水平，完全随机设计，共 8 个处理，4 次重复，参见表 5-1。

表 5-1　试验设计

灌溉施肥处理	施氮量/(kg N/hm²)	掺气比例/%	灌水量/mm
N_1CW_1	225	0	82.37
N_1AW_1	225	14～16	82.37
N_1CW_2	225	0	123.71
N_1AW_2	225	14～16	123.71
N_2CW_1	300	0	82.37
N_2AW_1	300	14～16	82.37
N_2CW_2	300	0	123.71
N_2AW_2	300	14～16	123.71

注：N_1、N_2 分别为低氮和常氮处理，C、A 分别为不加氧和加氧处理，W_1、W_2 分别为低水量和高水量处理，其中 W_1 为 60%作物-蒸发皿系数，W_2 为 100%作物-蒸发皿系数。

试验设 32 个小区，区长 2m、宽 1m。小区内起垄种植辣椒，垄高 10cm，每垄移植 5 株，株距 33cm。小区内采用水肥气耦合滴灌装置进行供水，采用 John Deere 非压力补偿型滴灌带，直径 16mm，壁厚 0.6mm，滴头设计流量 1.2L/h，滴头间距 33cm，埋深 15cm。植株距滴头 10cm，平行于滴灌带种植。

采用的肥料为高钾型水溶性肥，生育期共施肥 7 次，每次施肥量之比为 13.33：13.33：13.33：20.00：20.00：13.33：6.68（邢英英等，2015），分别于移植后 24d、36d、44d、57d、66d、78d 和 87d 施入。利用施肥器将水溶肥掺入水流，在制水罐中混匀；不掺气灌溉处理利用首部供水装置进行供水；循环加氧灌溉处理利用文丘里空气射流器进行曝气。试验中利用制水管路、循环泵、文丘里空气射流器等设备组成的循环曝气装置曝气 20min，形成掺气比例约为 15%的掺气水，从而通过地下滴灌系统供水。

5.3　试验观测项目

5.3.1　土壤充气孔隙度

土壤充气孔隙度是表征土壤通气状况的一个重要指标，测定方法是利用土壤总孔隙度和土壤体积含水率来计算土壤充气孔隙度。土壤体积含水率采用土壤剖面水分速测仪监测（TRIME-T3/T3C，德国 TRIME-FM 公司）。土壤充气孔隙度计算公式如式（5-2）所示：

$$F = \frac{1-\rho_b}{\rho_s - \theta_v} \tag{5-2}$$

式中，F 为土壤充气孔隙度；ρ_b 为土壤容重，g/cm³；ρ_s 为土壤的颗粒密度，g/cm³；θ_v 为土壤体积含水率，cm³/cm³。

5.3.2　土壤溶解氧浓度

土壤溶解氧浓度是表示土壤通气性的强度指标，即孔隙中的氧气分压或土壤溶液中的氧气含量，溶解氧浓度利用光纤式氧气测量仪（PreSens，德国）连接氧气敏感探针（PreSens，德国）测定。溶解氧浓度测定仪如图 5-3 所示。

图 5-3　溶解氧浓度测定仪实物图

5.3.3　土壤氧化还原电位

土壤氧化还原电位是表征土壤通气性的指标，也是表征介质氧化性或还原性的相对程度的指标，土壤中的物理、化学和生物学过程共同导致了土壤氧化还原电位的变化。土壤氧化还原电位采用去极化法全自动测定仪（上海仪电科学仪器股份有限公司）进行测量。土壤氧化还原电位测量仪器实物图如图 5-4 所示。

5.3.4　土壤氧气扩散速率

土壤氧气扩散速率最能反映原位土壤中的氧气水平，也直接反映了氧气对植物的有效性，是最具代表性的土壤通气性指标。氧气扩散速率采用去极化法全自动测定仪（上海仪电科学仪器股份有限公司）进行测量，通过插在土壤里的铂金电极和参比电极之间的电化学反应消耗的氧气来计算土壤氧气扩散速率。土壤氧气扩散速率测量仪器实物图如图 5-4 所示。

图 5-4　土壤氧化还原电位（或氧气扩散速率）测量仪器实物图

5.3.5　土壤呼吸速率

土壤呼吸是土壤释放二氧化碳的过程。土壤呼吸作用主要由土壤微生物呼吸作用和根系呼吸作用组成，根系呼吸作用不但为植物生命活动供给能源，而且呼吸作用的中间代谢产物为植物的合成提供了原料。土壤呼吸速率利用 LI-6400XT 型光合测定仪连接土壤呼吸室测定。土壤呼吸速率测定仪实物图如图 5-5 所示。

图 5-5　土壤呼吸速率测定仪实物图

5.3.6　土壤酶活性

试验布置为盆栽试验，土壤环境相对封闭，因此测量土壤酶活性及微生物数量时选择在辣椒的生育末期进行取土，减少对辣椒生长环境的扰动。选用靠近辣椒根部、深度为 5～10cm 的土壤，每个处理 6 个重复。

土壤脲酶活性的测定方法选用靛酚蓝比色法，脲酶活性以 24h 后 1g 土壤中 NH_3-N 的毫克数表示，单位为 mg/(g·d)（黄剑，2012）。土壤过氧化氢酶活性的测定方法选用高锰酸钾滴定法，过氧化氢酶活性以每克干土消耗的高锰酸钾体积数表示，单位为 mL/g（关松荫，1986）。

5.3.7　土壤微生物

1. 土壤微生物数量

选取辣椒生育末期根部 5～10cm 处土壤，装入灭菌后的自封袋，存放于冰箱 4℃保存。采用稀释平板涂抹法培养微生物（图 5-6）。正式实验开始前，通过预备实验选择适合不同微生物的稀释度。细菌选用牛肉膏蛋白胨琼脂培养基进行培养，真菌选用马丁-孟加拉红琼脂培养基进行培养，放线菌选用改良"高氏 1 号"培养基进行培养。

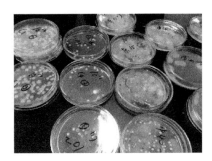

图 5-6　稀释平板涂抹法培养土壤微生物

2. 土壤细菌 DNA 提取和测序

使用 Omega M5635-02 试剂盒提取样品基因组 DNA，并通过 1.2%琼脂糖凝胶电泳检测 DNA 提取质量，在离心管中使用无菌水稀释样品至 1ng/µL。以稀释后的基因组 DNA 为模板，使用带有条形码（barcode）的特异引物对细菌 16S rRNA 基因的 V3～V4 区进行 PCR 扩增。选择 338F/806R 为细菌基因 V3～V4 区引物（338F：ACTCCTACGGGAGGCAGCA，806R：GGACTACHVGGGTWTCTAAT）。PCR 扩增采用全式金公司的 Pfu 高保真 DNA 聚合酶，确保同批样本扩增条件一致。PCR 扩增体系（25µL）：5×reaction buffer 5µL，5×GC buffer 5µL，dNTP（2.5mmol/L）2µL，Forwardprimer（10µmol/L）1µL，Reverseprimer（10µmol/L）1µL，DNA Template 2µL，ddH$_2$O 8.75µL，Q5 DNA Polymerase 0.25µL。PCR 扩增条件为：98℃初始变性 2min，25～30 个循环（包括 98℃，15s；55℃，30s；72℃，30s；72℃，5min），之后进行 PCR 产物的混样和纯化，纯化后进行文库的构建和上机测序。

使用 Illumina MiSeq 测序平台对群落 DNA 片段进行双端测序，通过质量初筛的原始序列，按照 index 和 barcode 信息进行文库和样本划分，并去除 barcode 序列。通过 QIIME2 软件生成有效序列（Bolyen et al.，2019），利用 dada2 算法（Callahan et al.，2016）对序列进行质量过滤、去噪、合并和去除嵌合体等，质控后产生的每个去重的序列为特征序列。使用 QIIME2 软件计算细菌群落结构及多样性。选用 Greengenes 数据库（deSantis et al.，2006）对 OTUs 代表序列进行物种注释分析，统计样本群落组成。

5.4　加氧灌溉下温室紫茄根际土壤通气性改善效应

5.4.1　温室紫茄根际土壤溶解氧浓度

溶解氧浓度最能直观地反映土壤中氧气的浓度，通过对小区土壤溶解氧浓度的测定，得到温室紫茄根际土壤溶解氧浓度动态变化情况（图 5-7）。在初始溶解氧浓度基本相同的情况下，灌水后，VAI 处理溶解氧浓度随着灌水增加而逐渐升高，因为曝气水中溶解氧的释放直接导致土壤中溶解氧浓度的提升，而 CK 处理因为只是用地下水进行灌溉，地下水中溶解氧浓度是极低的，随着灌水量的增加，以及土壤中氧气的持续消耗，溶解氧浓度是逐渐降低的，这就表现为 VAI 处理的溶解氧浓度上升，而 CK 处理的溶解氧浓度下降，差异也逐渐增大，VAI 处理溶解氧浓度最高为 7.77mg/L，而 CK 处理最高为 6.79mg/L，VAI 处理较 CK 处理增加了 14.43%。结果表明，加氧灌溉可以明显改善土壤溶解氧状况，促进作物生长。

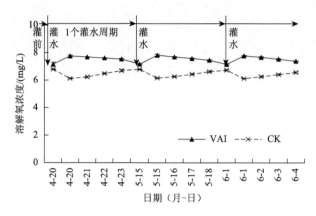

图 5-7　温室紫茄根际土壤溶解氧浓度动态变化情况

5.4.2　温室紫茄根际土壤氧化还原电位

灌溉过程中温室紫茄根际土壤氧化还原电位动态变化情况见图 5-8。结果显示，VAI 处理土壤氧化还原电位高于 CK 处理，VAI 处理最高值为 130.90mV，最低值为 88.16mV；CK 处理最高值为 97.16mV，最低值为 63.62mV，VAI 处理最高值较 CK 处理最高值增加了 34.73%，且同时期所测得数据具有显著性差异（$P<0.05$），在一个灌水周期内，VAI 和 CK 处理下的氧化还原电位都会有一个明显下降的过程，只不过 VAI 处理下降速度和最低值均要高于 CK，并且随着灌水结束，VAI 和 CK 处理的氧化还原电位均会逐渐升高至初始水平，VAI 处理氧化还原电位的最高水平高于 CK 处理。

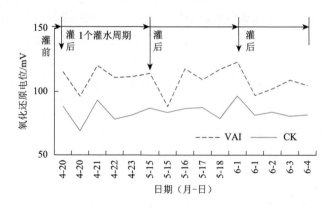

图 5-8　温室紫茄根际土壤氧化还原电位动态变化情况

5.4.3 温室紫茄根际土壤呼吸速率

土壤呼吸速率是表征土壤通气状况的一个重要指标，通过对小区土壤中 VAI 处理和 CK 处理土壤呼吸速率的测取，得到温室紫茄根际土壤呼吸速率动态变化情况，见图 5-9，8:00～20:00，每隔 2h 测定一次土壤呼吸速率的变化，由图 5-9 可得，土壤呼吸速率在一天中呈现先升高后下降的变化趋势，在 14:00 左右，土壤呼吸速率达到一天中的最大值，其和温度变化呈显著正相关。加氧灌溉处理土壤呼吸速率的最大值为 $3.95\mu mol/(m^2 \cdot s)$，较 CK 增加了 34.35%（$P < 0.05$），表明加氧灌溉可促进作物根际土壤呼吸，显著改善作物根区土壤通气性。

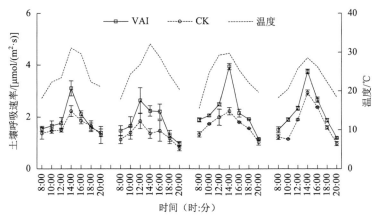

图 5-9　温室紫茄根际土壤呼吸速率动态变化情况

图中土壤呼吸速率为 4 月 17～20 日的日变化过程

5.5 加氧灌溉下冬小麦根际土壤通气性改善效应

5.5.1 水源处溶解氧浓度

不同处理水源处溶解氧浓度变化情况如图 5-10 所示。以 VAI 处理曝气结束和 HP3K、HP0030 处理双氧水溶液配置完成的时间为 0，第一天每隔 2h 测量一次水中溶解氧浓度，而后每隔 4h 测量一次，一直持续到 112h，结果见图 5-10。结果显示，三种加氧处理水中溶解氧浓度较对照均有显著提高。VAI、HP3K 和 HP0030 处理在加氧结束后达到最高值（15.94mg/L、16.12mg/L 和 15.95mg/L），较 CK 处理（5.21mg/L）分别增大了 205.95%、209.40%和 206.14%；加氧处理的溶解氧浓度随着时间推延开始缓慢下降，VAI、HP3K 和 HP0030 处理后溶解氧浓度 0～24h 均值分别为 12.30mg/L、14.65mg/L 和 14.35mg/L，较 CK 处理（6.38mg/L）仍平均增大了 92.79%、129.62%和 124.92%。68h 时 VAI 处理溶解氧浓度下降到 8.48mg/L，与 CK 处理（8.47mg/L）相比无差异，此时 HP3K 处理和 HP0030 处理分别为 11.18mg/L 和 11.55mg/L。VAI 处理溶解氧浓度下降较快，HP3K 和 HP0030

处理保持特性较好，HP3K 处理溶解氧浓度在 88h 下降至和 CK 处理相同，HP0030 处理在 112h 下降至与 CK 处理在同一水平。

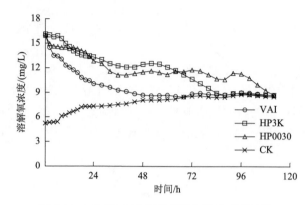

图 5-10　不同处理水源处溶解氧浓度变化情况

5.5.2　冬小麦根际土壤充气孔隙度

图 5-11 列出了加氧灌溉下 10cm 和 20cm 土层深度冬小麦根际土壤充气孔隙度变化情况。加氧灌溉可以显著提高土壤的充气孔隙度。在土深 10cm 和 20cm 处，文丘里空气射流器加氧处理的充气孔隙度较 CK 分别提高了 6.07% 和 3.80%（$P<0.05$）。

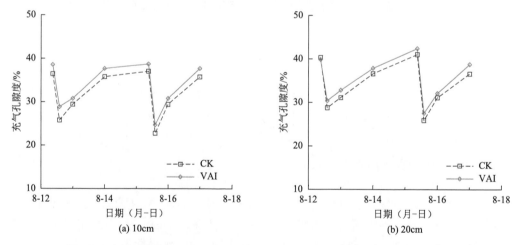

图 5-11　加氧灌溉下土深 10cm 和 20cm 冬小麦根际土壤充气孔隙度变化情况

5.5.3　冬小麦根际土壤溶解氧浓度

不同加氧处理 20cm 土层深度冬小麦根际土壤溶解氧浓度变化情况如图 5-12 所示。

循环曝气和过氧化氢可有效增加灌溉水中的溶解氧浓度水平，改善根区土壤通气性。1 个灌水周期内，土壤溶解氧浓度水平呈现先上升后下降的趋势。采用溶解氧浓度较低的地下水进行灌溉，溶解氧浓度在灌溉过程及之后一段时间内显著下降，而循环曝气处理

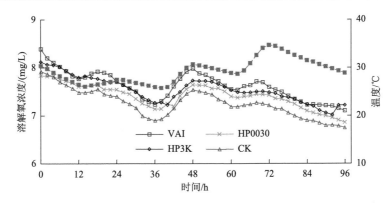

图 5-12　不同加氧处理 20cm 土层深度冬小麦根际土壤溶解氧浓度变化情况

的溶解氧浓度一直维持在较高水平。在整个灌水周期，处理 VAI 和 HP3K 的溶解氧浓度平均值较 CK 处理分别增大了 5.04%和 3.76%。

5.5.4　冬小麦根际土壤氧气扩散速率

冬小麦不同生育期 10cm、20cm 和 30cm 土层氧气扩散速率变化情况见图 5-13。灌溉开始后各处理氧气扩散速率值开始下降，10cm 和 20cm 深度各处理于灌水结束后 4.6h 达到最小值，而 30cm 深度处 VAI 处理仍在 4.6h 处达到最小值后开始回升，其他处理在 22h 下降至最小值。20cm 深度各处理氧气扩散速率变化最显著，拔节期 [图 5-13（b）]、抽穗期 [图 5-13（e）] 和灌浆期 [图 5-13（h）] 处理 HP3K、CK、HP0030、VAI 的最低值分别为 $2.079\times10^{-7}\sim2.378\times10^{-7}$g/(cm²·min)、$1.33\times10^{-7}\sim2.16\times10^{-7}$g/(cm²·min) 和 $7.2\times10^{-8}\sim1.91\times10^{-7}$g/(cm²·min)，从抽穗期开始，根系缺氧状况加剧，各处理最低值降至 2.0×10^{-7}g/(cm²·min) 以下，灌浆期甚至降至 1.0×10^{-7}g/(cm²·min) 以下，严重影响了作物正常生长。

各加氧处理的氧气扩散速率于灌水结束后回升，并在 48h 内持续处于较高水平。在效果最为明显的 20cm 深度处，VAI 处理在拔节期、抽穗期和灌浆期的灌后 48h 平均氧气扩散速率值较 CK 处理分别增大了 60.45%、73.77%和 87.88%（$P<0.05$），HP0030 处理在拔节期和抽穗期分别增大了 21.37%和 23.61%（$P<0.05$）；10cm 深度也有一定的改善效果，VAI 和 HP0030 处理的灌后 48h 内平均氧气扩散速率值在拔节期 [图 5-13（a）]、抽穗期 [图 5-13（d）]、灌浆期 [图 5-13（g）] 分别增大了 47.49%和 26.18%、62.85%和 39.54%、79.28%和 44.60%（$P<0.05$），而在 30cm 深度，VAI 处理的灌后 48h 内平均氧气扩散速率在拔节期、抽穗期、灌浆期较 CK 处理分别增大了 60.45%、65.54%和 53.41%（$P<0.05$）。48h 内，10cm 和 20cm 深度 VAI 和 HP0030 处理较 CK 处理增大比较明显，30cm 深度 VAI 处理增大明显。

冬小麦不同生育期的氧气扩散速率表现有所差异。拔节期各处理氧气扩散速率均高于 2.0×10^{-7}g/(cm²·min)，其中 VAI 和 HP0030 处理在灌后 22~45h 的氧气扩散速率基本高于 4.0×10^{-7}g/(cm²·min)，在 69h 才达到灌水前水平；抽穗期的缺氧状况加剧，各处理最低

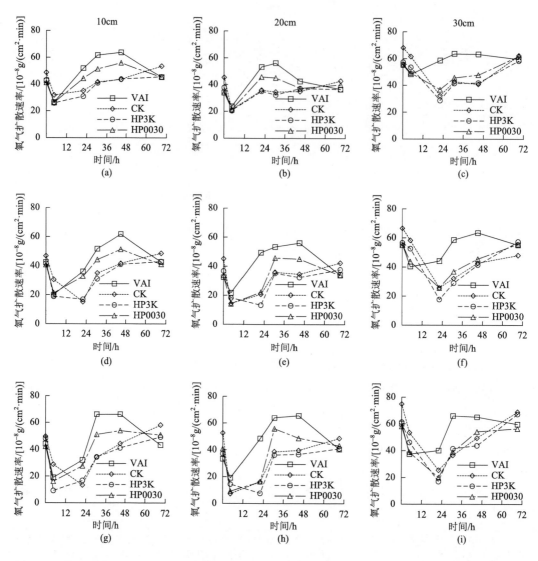

图5-13　拔节期［（a）～（c）］、抽穗期［（d）～（f）］、灌浆期［（g）～（i）］10cm、20cm和30cm
土层冬小麦根际土壤氧气扩散速率变化情况

值降至 2.0×10^{-7} g/(cm²·min)以下，VAI 处理在灌水后 48h 的氧气扩散速率均保持在 4.0×10^{-7} g/(cm²·min)以上；VAI 和 HP0030 处理可显著改善作物根区的缺氧环境。

5.5.5　冬小麦根际土壤氧化还原电位

抽穗期各处理冬小麦根际土壤氧化还原电位变化情况如图 5-14 所示。

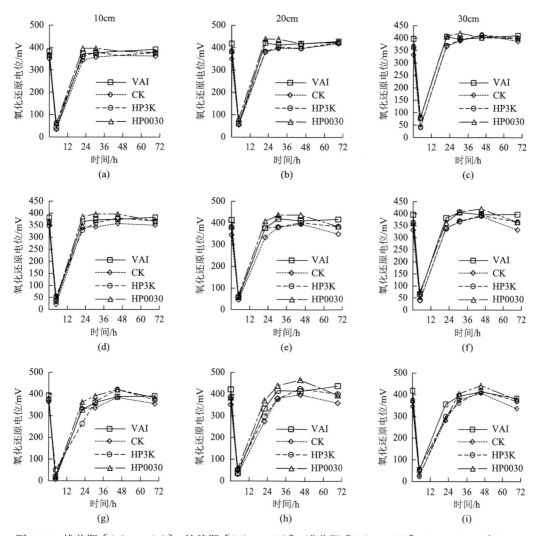

图 5-14　拔节期［(a)～(c)］、抽穗期［(d)～(f)］、灌浆期［(g)～(i)］10cm、20cm 和 30cm
土层冬小麦根际土壤氧化还原电位变化情况

对冬小麦不同生育期的氧化还原电位进行了监测,结果如图 5-14 所示。拔节期［图 5-14
(a)～图 5-14(c)］各个处理在不同深度的变化趋势基本一致,各处理灌水后均下降至
最低值后开始回升,VAI、HP3K、HP0030 和 CK 处理 3 个深度的最低值基本一致,VAI
处理和 HP0030 处理在灌后第一天回升至最大,较 CK 处理有所增强,VAI 处理在 10cm、
20cm 和 30cm 深度处分别增大了 6.73%、7.3%和 5.92%,HP0030 处理在 10cm、20cm 和
30cm 深度处分别增大了 13.23%、12.97%和 9.42%;而后各处理回落至灌前水平。

抽穗期［图 5-14(d)～图 5-14(f)］各个处理的趋势基本一致,于灌水后第一天升
至最大值,VAI 和 HP0030 处理较 CK 处理仍有显著差异,VAI 处理在 10cm、20cm 和
30cm 深度处灌后两天平均值分别增大 6.73%、9.01%和 8.05%,HP0030 处理分别增大
13.12%、15.80%和 8.61%,其他处理差异不显著。

灌浆期各处理的氧化还原电位最大值均晚于前两个时期,3 个深度 HP0030、HP3K 和

CK 处理的氧化还原电位最大值均于灌后第二天达到，VAI 处理 10cm［图 5-14（g）］和 20cm 深度［图 5-14（h）］的氧化还原电位最大值出现在灌后第三天，30cm 深度［图 5-14（i）］处出现在灌后第二天。10cm 处 VAI、HP3K、HP0030 和 CK 处理灌后三天的平均值分别为 366.78mV、355.43mV、389.8mV 和 352.63mV，VAI 和 HP0030 处理较 CK 处理分别增大了 4.01% 和 10.54%；20cm 处各处理灌后三天的平均值分别为 401.18mV、375.93mV、418.3mV 和 352.9mV，VAI 和 HP0030 处理较 CK 处理分别增大了 13.68% 和 18.53%；30cm 处各处理灌后三天的平均值分别为 385.9mV、362.08mV、378.03mV 和 350.15mV，VAI 和 HP0030 处理较 CK 处理增大了 10.21% 和 7.96%。

　　总的来说，加氧灌溉对土壤氧化还原电位有一定的提高作用，由于在大田条件下，有许多因素会影响氧化还原电位，且存在着较高的变异性，加氧灌溉对氧化还原电位的改善作用没有氧气扩散速率显著，但仍能看出加氧处理下根系环境和氧化还原电位的相互作用，如拔节期和抽穗期各个处理均于灌水后第一天达到最大值，而灌浆期作物生长较为旺盛，根系需氧量增大，各个处理的氧化还原电位最大值出现时间后移。

5.5.6　冬小麦根际土壤呼吸速率

　　于收获当天（5 月 19 日）和第二天（5 月 20 日）对冬小麦根际土壤进行了呼吸速率的测定，具体结果见图 5-15。

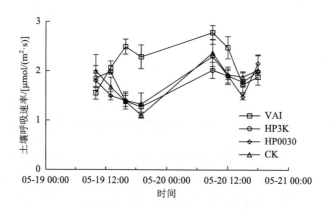

图 5-15　不同处理冬小麦根际土壤呼吸速率变化情况

　　图 5-15 显示，灌溉后第一天（5 月 19 日）VAI 处理于 16:00 达到最大值，较 CK 增大了 80.24%；灌溉后第二天（5 月 20 日）9:00 达到最大值，而后降低，其中 VAI 处理对土壤呼吸速率的增强效果仍较显著，于 12:00 差异最大，较 CK 处理增大了 28.62%。HP3K 和 HP0030 处理较 CK 处理均无显著差异。加氧灌溉对土壤呼吸速率具有显著的增强作用，这种效果在灌溉后第一天表现更强烈。

5.6　加氧灌溉下温室番茄根际土壤通气性改善效应

5.6.1　温室番茄根际土壤溶解氧浓度

番茄开花坐果期、果实膨大期和成熟期间,根际土壤溶解氧浓度呈现灌水后立即下降而后逐步回升的趋势 [图 5-16（a）～图 5-16（c）]。其中,以 W_2A 最高,W_1A 次之,W_1C 和 W_2C 最低,W_1C、W_1A、W_2C 和 W_2A 在 3 个生育期内的平均值分别为 6.76mg/L、7.09mg/L、6.64mg/L 和 7.32mg/L。在不同的生育期,溶解氧浓度的具体表现并不相同,在开花坐果期,W_2A 处理在整个 4 天灌水周期内较 W_2C 均显著提高,增大了 18.44%,W_1A 在灌水周期前两天较 W_1C 显著提高,增大了 7.69%;而在果实膨大期和成熟期,各处理的溶解氧浓度在灌水周期的第二天即无显著差异。各处理灌水后的溶解氧浓度下降值也随着生育期的发展逐步增大,W_1C、W_1A、W_2C 和 W_2A 在开花坐果期的灌溉后溶解氧浓度下降幅度为 2.08mg/L、0.95mg/L、2.00mg/L 和 1.12mg/L（灌水后第 1 天上午 9 点至下午 3 点）,而在成熟期,这个值已经提高为 3.7mg/L、2.53mg/L、3.46mg/L 和 2.23mg/L。

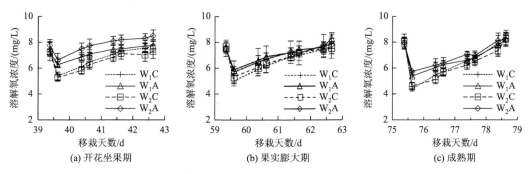

图 5-16　不同生育期温室番茄根际土壤溶解氧浓度变化情况

5.6.2　温室番茄根际土壤氧化还原电位

番茄开花坐果期、果实膨大期和成熟期根际土壤氧化还原电位变化情况见图 5-17。不同生育期土壤氧化还原电位动态变化趋势基本相同,灌水期间下降至低值,结束后开始回升。加氧处理回升速度较快,W_2A 在灌水周期第二天较对照有显著差异,开花坐果期和成熟期分别提高了 41.99% 和 36.31%,W_1A 分别提高了 20.99% 和 21.72%,各处理在果实膨大期均无显著差异。在开花坐果期和成熟期,加氧处理于灌水周期的第三天 9 点回升至较高水平,此时 W_2A 较对照分别提高了 36.15% 和 31.31%,W_1A 较对照分别提高了 17.84% 和 20.62%。

5.6.3　温室番茄根际土壤氧气扩散速率

番茄开花坐果期、果实膨大期和成熟期的温室番茄根际土壤氧气扩散速率见图 5-18。

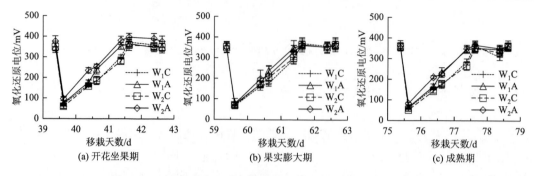

图 5-17　不同生育期温室番茄根际土壤氧化还原电位变化情况

各处理氧气扩散速率值均呈现灌水下降至最低而后逐步升高的趋势。其中，W_1A 和 W_2A 最大，W_1C 和 W_2C 较低，W_1C、W_1A、W_2C 和 W_2A 的平均值分别为 $5.529 \times 10^{-7} g/(cm^2 \cdot min)$、$6.111 \times 10^{-7} g/(cm^2 \cdot min)$、$5.107 \times 10^{-7} g/(cm^2 \cdot min)$ 和 $5.975 \times 10^{-7} g/(cm^2 \cdot min)$。加氧处理较对照处理有显著改善，在灌水周期第二天最为明显，此时 W_2A 和 W_1A 已回升至较高水平，三个生育期 W_2A 较对照处理分别提高了 52.90%、38.00% 和 28.15%；W_1A 在开花坐果期和果实膨大期较对照分别提高了 32.27% 和 27.91%，成熟期无显著差异。

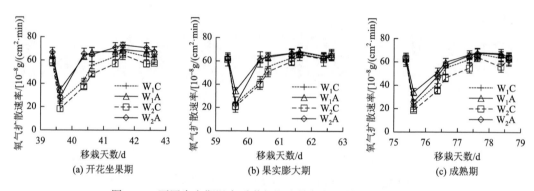

图 5-18　不同生育期温室番茄根际土壤氧气扩散速率变化情况

5.6.4　温室番茄根际土壤呼吸速率

图 5-19 给出了温室番茄不同生育期的根际土壤呼吸速率变化情况。大多数情况下，以 W_2A 最大、W_2C 最小，W_1C、W_1A、W_2C 和 W_2A 的上午 9 点的土壤呼吸速率平均值分别为 $1.26 \mu mol/(m^2 \cdot s)$、$1.31 \mu mol/(m^2 \cdot s)$、$1.24 \mu mol/(m^2 \cdot s)$ 和 $1.43 \mu mol/(m^2 \cdot s)$，15 点的平均值分别为 $2.51 \mu mol/(m^2 \cdot s)$、$2.94 \mu mol/(m^2 \cdot s)$、$2.27 \mu mol/(m^2 \cdot s)$ 和 $2.85 \mu mol/(m^2 \cdot s)$，而相同时间的土壤温度分别为 16.33℃、16.58℃、16.63℃ 和 16.50℃（9:00）、22.76℃、22.60℃、22.63℃ 和 22.74℃（15:00），土壤呼吸速率随着土壤温度的提高而增强。在三个灌水周期中，加氧处理对土壤呼吸速率均有显著的增强作用，在灌水周期的第二天 15:00 最为显著，W_1A 和 W_2A 较 W_1C 和 W_2C 分别增强了 28.45% 和 64.70%（开花坐果期）、33.24% 和 14.17%（果实膨大期）、32.86% 和 56.91%（成熟期）。灌水量对土壤呼吸速率的影响不显著。

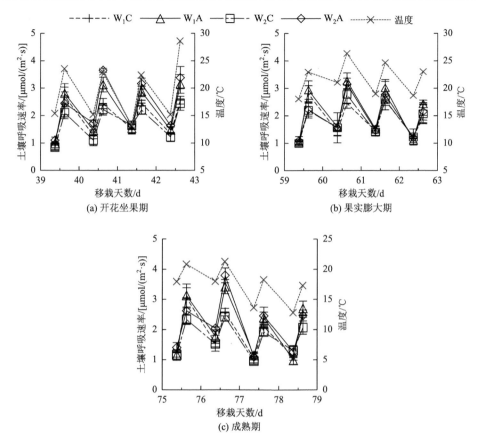

图 5-19　不同生育期土壤呼吸速率动态

5.6.5　作物根区土壤通气性指标的相关关系分析

将同时段测量的土壤通气性指标进行相关关系分析，列于表 5-2。不同处理的土壤氧气扩散速率（ODR）与充气孔隙度（F）、溶解氧浓度（DO）、氧化还原电位（Eh）呈现极显著正相关（$P < 0.01$）；Eh 与 F、DO 呈现极显著正相关（$P < 0.01$）；DO 和 F 呈极显著正相关（$r = 0.81 \sim 0.95$，$P < 0.01$）；不同处理的土壤呼吸速率（Rs）与土壤温度（T）呈现极显著正相关（$P < 0.01$），对照处理的 Rs 和 DO 呈显著负相关（$P < 0.05$）。

表 5-2　不同处理下充气孔隙度（F）、溶解氧浓度（DO）、氧气扩散速率（ODR）、氧化还原电位（Eh）、土壤呼吸速率（Rs）、土壤温度（T）间的相关关系分析

处理	因子	DO	ODR	Eh	Rs	T
	F	0.95**	0.84**	0.95**	−0.40	−0.20
	DO	1	0.86**	0.91**	−0.44*	−0.27
W_1C	ODR		1	0.93**	−0.41*	−0.23
	Eh			1	−0.42*	−0.24
	Rs				1	0.75**

续表

处理	因子	DO	ODR	Eh	Rs	T
	F	0.91**	0.70**	0.91**	−0.39	−0.20
	DO	1	0.75**	0.84**	−0.29	−0.11
W_1A	ODR		1	0.88**	−0.32	−0.21
	Eh			1	−0.37	−0.26
	Rs				1	0.78**
	F	0.93**	0.89**	0.97**	−0.28	−0.20
	DO	1	0.88**	0.92**	−0.41*	−0.16
W_2C	ODR		1	0.96**	−0.20	−0.16
	Eh			1	−0.28	−0.20
	Rs				1	0.80**
	F	0.81**	0.67**	0.91**	−0.30	−0.23
	DO	1	0.75**	0.84**	−0.15	−0.24
W_2A	ODR		1	0.87**	−0.13	−0.26
	Eh			1	−0.26	−0.33
	Rs				1	0.75**

5.7　加氧灌溉下温室辣椒根际土壤通气性改善效应

5.7.1　温室辣椒根际土壤充水孔隙度（WFPS）

不同生育期温室辣椒根际土壤 WFPS 变化情况如图 5-20 所示。分别于苗期、开花坐果期和成熟期测量土壤 WFPS。灌水后土壤 WFPS 迅速上升，而后逐步下降。N_2CW_1、N_2AW_1、N_2CW_2 和 N_2AW_2 的土壤 WFPS 平均值分别为 48.91%、47.18%、55.13% 和 53.63%（$P>0.05$），以 N_2CW_2 处理最高，N_2AW_1 最低。灌水量的增加增大了土壤 WFPS，尤其在灌水后第 2 天，3 个生育阶段 N_2CW_2 较 N_2CW_1 分别提高了 15.74%、17.76% 和 18.55%

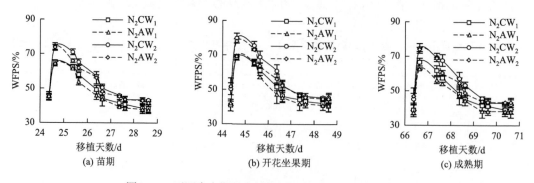

图 5-20　不同生育期温室辣椒根际土壤 WFPS 变化情况

（$P<0.05$），N_2AW_2 较 N_2AW_1 分别提高了 22.13%、18.84% 和 15.75%（$P<0.05$）；同时期掺气量差异对土壤 WFPS 的影响仅有开花坐果期时，N_2AW_2 相比 N_2CW_2 降低 8.36%。

5.7.2　温室辣椒根际土壤氧气扩散速率

不同生育期温室辣椒根际土壤氧气扩散速率变化情况如图 5-21 所示。灌水后氧气扩散速率迅速下降，而后逐步上升。N_2CW_1、N_2AW_1、N_2CW_2 和 N_2AW_2 的氧气扩散速率平均值分别为 $3.709\times10^{-7}g/(cm^2\cdot min)$、$4.054\times10^{-7}g/(cm^2\cdot min)$、$3.523\times10^{-7}g/(cm^2\cdot min)$ 和 $4.008\times10^{-7}g/(cm^2\cdot min)$（$P>0.05$）。掺气量的增加增大了土壤氧气扩散速率，灌水后第 1d 已出现显著差异，3 个生育阶段 N_2AW_1 较 N_2CW_1 分别提高了 19.79%、27.54% 和 28.55%（$P<0.05$），N_2AW_2 较 N_2CW_2 分别提高了 12.54%、20.90% 和 26.61%（$P<0.05$）；但同时期灌水量差异对氧气扩散速率的影响不具有显著性差异。

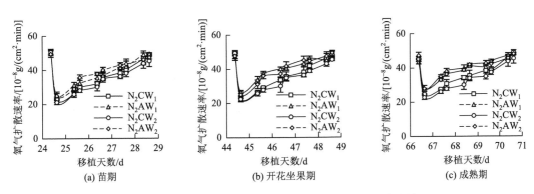

图 5-21　不同生育期温室辣椒根际土壤氧气扩散速率变化情况

5.7.3　温室辣椒根际土壤氧化还原电位

不同生育期温室辣椒根际土壤氧化还原电位变化情况如图 5-22 所示。氧化还原电位的变化趋势与氧气扩散速率类似，灌水后氧化还原电位迅速下降，而后逐步上升直至趋于平稳。N_2CW_1、N_2AW_1、N_2CW_2 和 N_2AW_2 的氧化还原电位平均值分别为 274.80mV、

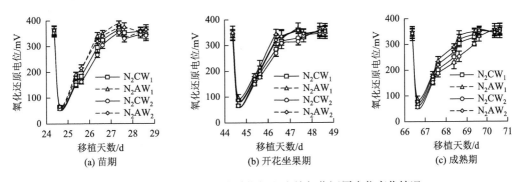

图 5-22　不同生育期温室辣椒根际土壤氧化还原电位变化情况

292.72mV、263.31mV 和 286.66mV（$P>0.05$）。掺气量的增加增大了土壤氧化还原电位，灌水后第 1d 已出现显著差异，3 个生育阶段 N_2AW_1 较 N_2CW_1 分别提高了 20.63%、15.72% 和 14.85%（$P<0.05$），N_2AW_2 较 N_2CW_2 分别提高了 18.12%、12.72% 和 15.52%（$P<0.05$）；但同时期灌水量差异对土壤氧化还原电位的影响不具有显著性差异。

5.7.4　温室辣椒根际土壤呼吸速率

土壤通气性是表征大气-土壤之间气体交换、流通程度的一个指标，直接影响到作物根系呼吸与吸水过程（Boon et al.，2013）。土壤呼吸是土壤动物、土壤微生物以及植物地下部分吸收氧气呼出二氧化碳的过程。土壤呼吸是陆地生态系统碳氮循环的重要环节，它不但受生物因素影响，还受土壤水分、温度等因素影响（曹诗瑜等，2018）。土壤呼吸又是土壤通气性状况的一个衡量指标，因此试验监测了辣椒不同生育期土壤呼吸速率的变化情况，结果如图 5-23 所示。

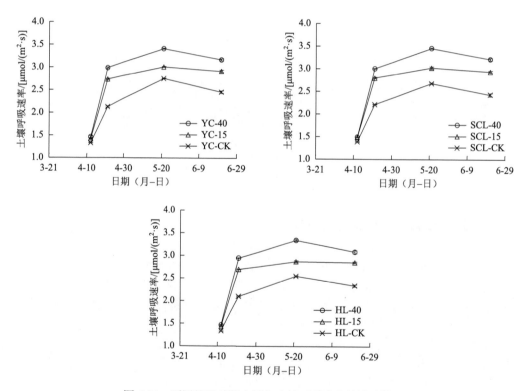

图 5-23　不同处理对温室辣椒土壤呼吸速率的影响情况

YC 代表郑州黄黏土，SCL 代表洛阳粉壤土，HL 代表驻马店砂壤土；40、15、CK 分别代表 40mg/L 加氧浓度、15mg/L 加氧浓度、对照处理。下同

由图 5-23 可知，三种土壤不同处理的土壤呼吸速率均呈现先上升后下降的趋势；三种土壤 40mg/L 加氧浓度处理的土壤呼吸速率始终最大，对照处理的土壤呼吸速率始终最小；在苗期，YC-40 处理与 YC-15 处理的土壤呼吸速率差异不显著，其他生育期不同土

壤、不同加氧处理的土壤呼吸速率均呈现显著性差异；在辣椒整个生育期内，YC-40、YC-15 处理的土壤呼吸速率较 YC-CK 处理最大分别提升 40.38%（$P<0.05$）、28.64%（$P<0.05$），YC-40 处理较 YC-15 处理的土壤呼吸速率最大提升 13.29%（$P<0.05$）；SCL-40 和 SCL-15 处理较 SCL-CK 处理的土壤呼吸速率最大分别提升 36.2%（$P<0.05$）、26.7%（$P<0.05$），SCL-40 较 SCL-15 处理的土壤呼吸速率最大提升 19.19%（$P<0.05$）；HL-40、HL-15 处理较 HL-CK 处理的土壤呼吸速率最大分别提升 42.42%（$P<0.05$）和 28.57%（$P<0.05$），HL-40 处理较 HL-15 处理土壤呼吸速率最大提升 16.32%（$P<0.05$）。由此可见，加氧灌溉显著提高了土壤呼吸速率，改善了土壤通气状况，利于辣椒根系的生长。其中，40mg/L 加氧浓度处理对土壤呼吸速率的提升效果最为显著。

5.7.5 温室辣椒根际土壤酶活性

土壤酶是土壤中产生专一生物化学反应的生物催化剂，它促进土壤的养分循环与利用，也是表征土壤肥力高低和土壤熟化程度的重要指标。当前设施农业中不合理的耕作方式，以及地下滴灌灌水周期长、频率高等问题，使作物根区土壤板结，根区长期淹水使得氧气含量下降，影响好氧微生物的活动。本试验针对上述问题，研究了不同土壤类型及加氧浓度条件下加氧灌溉对土壤酶活性的影响。由于试验布置为盆栽，为减少取土对作物生长的扰动，因此只研究了辣椒生育末期不同处理对土壤酶活性的影响。

表 5-3 为辣椒生育末期不同处理间土壤脲酶和过氧化氢酶活性。不同处理土壤脲酶活性与过氧化氢酶活性的最大值均出现在 40mg/L 加氧浓度处理上，最小值均出现在对照处理上，40mg/L 加氧浓度处理的土壤脲酶活性与过氧化氢酶活性均高于 15mg/L 加氧浓度处理；三种土壤不同处理的土壤脲酶活性与过氧化氢酶活性的最大值均出现在 40mg/L 加氧浓度处理中；YC-40 与 YC-15 处理的土壤脲酶活性较 YC-CK 处理分别提高 150%（$P<0.05$）、50%（$P<0.05$），YC-40 较 YC-15 处理提高 66.67%（$P<0.05$），YC-40 与 YC-15 处理的土壤过氧化氢酶活性较 YC-CK 处理分别提高 22.1%、14.92%（$P<0.05$），YC-40 较 YC-15 处理的土壤过氧化氢酶活性提高 6.25%（$P<0.05$）；SCL-40、SCL-15 处理的土壤脲酶活性比 SCL-CK 处理分别提高 100%（$P<0.05$）、50%（$P<0.05$），SCL-40 处理的土壤脲酶活性较 SCL-15 提高 33.33%（$P<0.05$），SCL-40、SCL-15 处理的土壤过氧化氢酶活性较 SCL-CK 处理分别提高 24.28%、11.56%（$P<0.05$），SCL-40 比 SCL-15 处理的土壤过氧化氢酶活性提高 11.4%（$P<0.05$）；HL-40 处理较 HL-CK 处理的土壤脲酶活性提高 75%（$P<0.05$），HL-40 较 HL-15 处理的土壤脲酶活性也提高了 75%（$P<0.05$），HL-40 与 HL-15 处理的土壤过氧化氢酶活性比 HL-CK 处理分别提高 14.12%、5.65%（$P<0.05$），HL-40 比 HL-15 处理的土壤过氧化氢酶活性提高 8.02%（$P<0.05$）。

表 5-3 加氧灌溉不同处理对温室辣椒根际土壤酶活性的影响

处理	脲酶活性/[mg/(g·d)]	过氧化氢酶活性/[mL/(0.1mol/L KMnO$_4$)·g^{-1}]
YC-40	0.1±0.01a	2.21±0.04a
YC-15	0.06±0.01b	2.08±0.03b

续表

处理	脲酶活性/[mg/(g·d)]	过氧化氢酶活性/[mL/(0.1mol/L KMnO₄)·g⁻¹]
YC-CK	0.04±0.01c	1.81±0.03c
SCL-40	0.08±0.01a	2.15±0.02a
SCL-15	0.06±0.01b	1.93±0.03b
SCL-CK	0.04±0.01c	1.73±0.04c
HL-40	0.07±0.01a	2.02±0.03a
HL-15	0.04±0.01b	1.87±0.02b
HL-CK	0.04±0.01b	1.77±0.01c

5.7.6　温室辣椒根际土壤微生物数量

土壤微生物个体微小，但在生态系统中扮演重要角色。土壤酶与土壤微生物共同参与土壤中的营养传递、物质流通等过程，对自然界元素循环具有重要意义。提高土壤中微生物数量和酶活性可以促进作物生长发育，对作物增产增效有重要意义（陈利军等，2002）。土壤微生物受温度、水分、根区通气状况等因素影响，已有研究表明（张立成等，2018），增氧处理能够提高土壤微生物数量。本试验基于前人的研究成果，通过增设不同土壤类型和加氧浓度两个条件，探究曝气滴灌对辣椒生育末期土壤微生物数量的影响，实验结果如表 5-4 所示。

表 5-4　加氧灌溉不同处理对温室辣椒根际土壤微生物数量的影响（单位：个/g）

处理	细菌	放线菌	真菌
YC-40	234.67±10.6a	285±11.14a	60.33±6.66a
YC-15	206.33±10.69b	256.33±7.09b	46.33±3.51b
YC-CK	174±11.00c	233±4.58c	34.33±3.51c
SCL-40	130.33±4.16a	247±5.57a	47.33±3.51a
SCL-15	104.33±6.03b	225.67±8.33b	30.67±2.08b
SCL-CK	87.33±3.51c	204±6.56c	25.33±1.53b
HL-40	152.33±9.07a	237±6a	36.67±4.16a
HL-15	119.67±5.86b	213±5.57b	26.67±1.53b
HL-CK	89.67±4.04c	202.67±4.51b	19.67±1.53c

注：细菌稀释浓度 10^{-3}，放线菌与真菌稀释浓度 10^{-2}。

由表 5-4 可知，在辣椒生育末期，土壤中放线菌数量最多，其次为细菌，真菌数量最少。三种土壤 40mg/L 加氧浓度处理的细菌、真菌、放线菌数量均显著高于对照处理，同时又显著高于 15mg/L 加氧浓度处理，由此可见，曝气滴灌可以提高根区土壤微生物数量，40mg/L 的加氧浓度对于提高土壤微生物数量效果更为明显。三种土壤中不同曝气处理的细菌、真菌、放线菌数量的最大值均出现在 YC-40 处理中，这与土壤酶活性的规律大致相同。YC-40、YC-15 处理较 YC-CK 处理的土壤细菌数量分别增加 34.87%、18.58%（$P<$ 0.05），土壤真菌数量分别增加 75.74%、34.95%（$P<0.05$），土壤放线菌数量增加 22.32%、10.01%（$P<0.05$）；YC-40 处理的土壤细菌数量较 YC-15 处理增加 13.74%（$P<$ 0.05），土壤真菌数量增加 30.22%（$P<0.05$），土壤放线菌数量增加 11.18%（$P<0.05$）。SCL-40、SCL-15 处理比 SCL-CK 处理的土壤细菌数量分别增加 49.24%、19.47%（$P<$ 0.05），土壤真菌数量分别增加 86.85%（$P<0.05$）、21.08%（$P>0.05$），土壤放线菌数量分别增加 21.08%、10.62%（$P<0.05$）；SCL-40 处理的土壤细菌数量较 SCL-15 处理增加 24.92%（$P<0.05$），土壤真菌数量增加 54.32%（$P<0.05$），土壤放线菌数量增加 9.45% （$P<0.05$）。HL-40、HL-15 处理的土壤细菌数量较 HL-CK 处理分别增加 69.88%、33.46% （$P<0.05$），土壤真菌数量分别增加 86.43%、35.59%（$P<0.05$），放线菌数量分别增加 16.94% （$P<0.05$）、5.1%（$P>0.05$）；HL-40 处理的土壤细菌数量较 HL-15 处理增加 27.29%（$P<$ 0.05），土壤真菌数量增加 37.5%（$P<0.05$），土壤放线菌数量增加 11.27%（$P<0.05$）。

5.7.7　温室辣椒根际细菌多样性

1. 细菌 α-多样性

测序结果显示，本节研究中共获得了 97587～108798 条原始序列（平均 101628 条），去除低质量序列后共获得 88049～97191 条（平均 90643 条）有效序列。土壤细菌 α-多样性指标包括 Chao1、Pielou_e、Shannon 和 Simpson 等指数，本节采用 Shannon 和 Pielou_e 指数分别表征土壤细菌多样性和均匀性（图 5-24）。由图 5-24 可知，不同灌水量和施氮量对 Shannon 指数无显著影响。加氧处理的 Shannon、Pielou_e 指数均显著高于不加氧处理（$P<0.05$）；处理 N_1AW_2 和 N_1CW_2 的 Pielou_e 指数分别显著高于 N_1AW_1 和 N_1CW_1

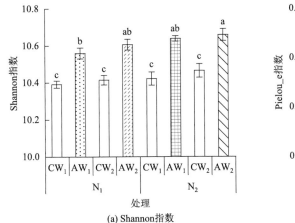
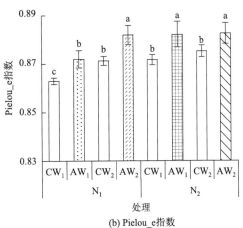

（a）Shannon 指数　　　　　　　　　　（b）Pielou_e 指数

图 5-24　水肥耦合氧灌下温室辣椒根际土壤细菌多样性指数

N_1、N_2 分别为低氮（225kg/hm²）和常氮处理（300kg/hm²），C、A 分别为非曝气和曝气滴灌处理（通气率 15%），W_1、W_2 分别为低水量（60%作物-蒸发皿系数）和高水量处理（1.0 倍作物-蒸发皿系数）

（$P<0.05$）；处理 N_2CW_1 和 N_2AW_1 的 Pielou_e 指数分别显著高于 N_1CW_1 和 N_1AW_1（$P<0.05$）。说明通气量的提高是显著影响辣椒根际土壤细菌多样性和均匀性的重要因素，不同灌水量和施氮量对细菌多样性无显著影响，但不同通气水平下，低氮高水量和常氮低水量处理能显著影响细菌均匀性。

2. 细菌群落组成

试验样品中土壤微生物主要隶属于 30 门、78 纲、144 目、191 科、256 属。图 5-25 给出了不同处理辣椒根际土壤细菌群落门和纲水平物种的相对丰度。门水平上［图 5-25（a）］相对丰度前 5 的优势群落为变形菌门（Proteobacteria）（36.01%）、放线菌门（Actinobacteria）（19.67%）、芽单胞菌门（Gemmatimonadetes）（13.36%）、绿弯菌门（Chloroflexi）（9.15%）和酸杆菌门（Acidobacteria）（9.02%），累计占比 87.21%。分析发现，处理 N_2AW_1、N_2AW_2 较 N_2CW_1、N_2CW_2 变形菌门的相对丰度分别增加 5.70% 和 4.92%（$P<0.05$）；处理 N_1AW_2、N_2AW_2 较 N_1CW_2、N_2CW_2 的放线菌门相对丰度分别增加 16.84% 和 13.37%（$P<0.05$）；与 N_1CW_2 和 N_2CW_2 相比，处理 N_1AW_2 和 N_2AW_2 的酸杆菌门相对丰度分别增加 21.65% 和 29.47%（$P<0.05$）；N_1AW_2、N_2AW_2 处理的酸杆菌门相对丰度较 N_1AW_1、N_2AW_1 分别增加 24.21% 和 28.13%（$P<0.05$）；与 N_1CW_1 相比，处理 N_1CW_2 的放线菌门相对丰度降低 13.68%（$P<0.05$）；处理 N_2AW_2 的变形菌门相对丰度较 N_1AW_2 增加 15.32%（$P<0.05$）。

纲水平上［图 5-25（b）］相对丰度前 5 的细菌由高到低为 γ-变形菌纲（Gammaproteobacteria）（16.10%）、α-变形菌纲（Alphaproteobacteria）（13.29%）、放线菌纲（Actinobacteria）（9.98%）、芽单胞菌纲（Gemmatimonadetes）（7.47%）和 δ-变形菌纲（Deltaproteobacteria）

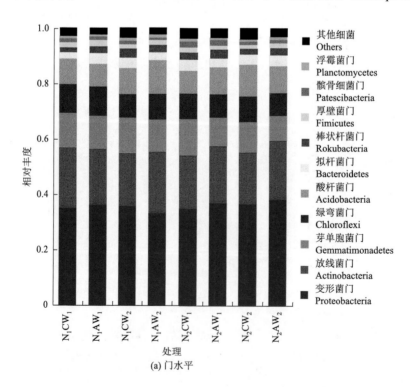

(a) 门水平

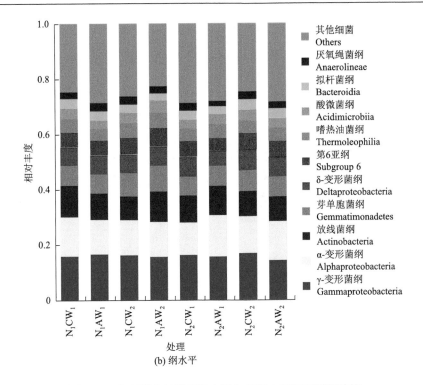

图 5-25　水肥耦合氧灌下温室辣椒根际土壤细菌群落结构

N_1、N_2 分别为低氮（225kg/hm²）和常氮处理（300kg/hm²）；C、A 分别为非曝气和曝气滴灌处理（通气率 15%）；
W_1、W_2 分别为低水量（60%作物-蒸发皿系数）和高水量处理（1.0 倍作物-蒸发皿系数）

（6.58%）。处理 N_2AW_2 的 γ-变形菌纲相对丰度较 N_2CW_2 降低 15.75%（$P<0.05$）；与 N_2CW_1、N_2CW_2 相比，N_2AW_1 和 N_2AW_2 处理的 α-变形菌纲和 δ-变形菌纲相对丰度分别增加 24.17% 和 23.73%（$P<0.05$）；与 N_1AW_1 相比，N_2AW_1 处理的 α-变形菌纲相对丰度增加 17.32%（$P<0.05$）。

3. 氮代谢相关菌属

表 5-5 列出了加氧灌溉对氮代谢菌属相对丰度的影响。分析发现，硝化螺旋菌属（*Nitrospira*）、土微菌属（*Pedomicrobium*）和芽孢杆菌属（*Bacillus*）是与氮代谢相关的菌属。与 N_2CW_2 处理相比，N_2AW_2 的硝化螺旋菌属相对丰度增加 24.24%（$P<0.05$）；N_1AW_1、N_2AW_2 处理分别较 N_1CW_1、N_2CW_2 处理的土微菌属相对丰度降低 21.29% 和 18.47%（$P<0.05$）；N_1AW_2、N_2AW_2 处理分别较 N_1CW_2、N_2CW_2 的芽孢杆菌属相对丰度增加 24.85% 和 20.11%（$P<0.05$）；与处理 N_1AW_1 相比，N_2AW_1 的硝化螺旋菌属相对丰度增加 22.95%（$P<0.05$）；处理 N_2AW_1 较 N_1AW_1 的芽孢杆菌属相对丰度增加 34.12%（$P<0.05$）。交互作用分析表明，单因素下，施氮量对硝化螺旋菌属、芽孢杆菌具有极显著影响，加氧量对硝化螺旋菌属、土微菌属、芽孢杆菌属有极显著影响，灌水量对硝化螺旋菌属有显著影响；两因素交互作用下，施氮量和灌水量对土微菌属有显著影响；三因素交互作用对氮代谢菌属均无显著影响。

表 5-5　加氧灌溉对氮代谢菌属相对丰度的影响

处理	硝化螺旋菌属/%（硝化细菌）	土微菌属/%（反硝化细菌）	芽孢杆菌属/%（固氮菌）
N_1CW_1	0.0057 ± 0.0002d	0.00155 ± 0.00014ab	0.0162 ± 0.0013c
N_1AW_1	0.0061 ± 0.0008cd	0.00122 ± 0.00014c	0.0170 ± 0.0014bc
N_1CW_2	0.0059 ± 0.0009cd	0.00139 ± 0.00017abc	0.0165 ± 0.0022c
N_1AW_2	0.0072 ± 0.0007abc	0.00118 ± 0.00016c	0.0206 ± 0.0026ab
N_2CW_1	0.0063 ± 0.0002bcd	0.00138 ± 0.00011abc	0.0195 ± 0.0022abc
N_2AW_1	0.0075 ± 0.0008ab	0.00113 ± 0.00022c	0.0228 ± 0.0021a
N_2CW_2	0.0066 ± 0.0007bcd	0.00157 ± 0.00013a	0.0184 ± 0.0012bc
N_2AW_2	0.0082 ± 0.0005a	0.00128 ± 0.00012bc	0.0221 ± 0.0024a
施氮量 N	11.917^{**}	0.003^{ns}	15.632^{**}
加氧量 A	18.280^{**}	18.997^{**}	13.572^{**}
灌水量 W	5.345^{*}	0.290^{ns}	0.483^{ns}
N×A	1.373^{ns}	0.001^{ns}	0.455^{ns}
N×W	0.081^{ns}	4.749^{*}	3.298^{ns}
A×W	1.373^{ns}	0.088^{ns}	1.327^{ns}
N×A×W	0.081^{ns}	0.350^{ns}	0.815^{ns}

注：N_1、N_2 分别为低氮（225kg/hm²）和常氮处理（300kg/hm²）；C、A 分别为非曝气和曝气滴灌处理（通气率 15%）；W_1、W_2 分别为低水量（60%作物-蒸发皿系数）和高水量处理（1.0 倍作物-蒸发皿系数）。

4. 土壤环境因子间的相关关系

土壤呼吸速率（Rs）、氧化还原电位（Eh）、肥力因子和细菌群落的相关分析见表 5-6。由表 5-6 可知，土壤氧化还原电位与土壤呼吸速率、Shannon 指数、土壤 NO_3^--N、硝化螺旋菌属和芽孢杆菌属呈极显著正相关（$P<0.01$），与放线菌门呈显著正相关（$P<0.05$），与土壤 NH_4^+-N、γ-变形菌纲呈显著负相关（$P<0.05$），与土微菌属呈极显著负相关（$P<0.01$）；土壤呼吸速率与 Shannon 指数、土壤 NO_3^--N、硝化螺旋菌属呈极显著正相关（$P<0.01$），与芽孢杆菌属呈显著正相关（$P<0.05$），与土壤 NH_4^+-N（$P<0.05$）、土微菌属呈负相关（$P<0.01$）；Shannon 指数与土壤 NO_3^--N、放线菌门、硝化螺旋菌属和芽孢杆菌属呈极显著正相关（$P<0.01$），与 γ-变形菌纲（$P<0.05$）、土微菌属呈负相关（$P<0.01$）；土壤 NO_3^--N 与硝化螺旋菌属、芽孢杆菌属呈极显著正相关（$P<0.01$），与土微菌属呈显著负相关（$P<0.05$）；土壤 NH_4^+-N 与放线菌门呈显著负相关（$P<0.05$）。综上，土壤通气性显著影响土壤细菌群落结构和土壤肥力，特别是土壤氮代谢相关菌属。

表 5-6　土壤呼吸速率（Rs）、氧化还原电位（Eh）、肥力因子和细菌群落的相关分析

因素	Rs	Shannon	NO_3^--N	NH_4^+-N	A	G	Ni	Pe	Ba
Eh	0.831^{**}	0.898^{**}	0.684^{**}	-0.487^{*}	0.468^{*}	-0.443^{*}	0.582^{**}	-0.613^{**}	0.543^{**}
Rs	1	0.812^{**}	0.596^{**}	-0.416	0.361	-0.215	0.547^{**}	-0.578^{**}	0.473^{*}

续表

因素	Rs	Shannon	NO_3^--N	NH_4^+-N	A	G	Ni	Pe	Ba
Shannon		1	0.828**	0.336	0.421**	−0.423*	0.699**	−0.582**	0.638**
NO_3^--N			1	0.144	0.161	−0.387	0.729**	−0.453*	0.695**
NH_4^+-N				1	−0.497*	0.084	0.097	0.390	0.081
A					1	−0.307	0.320	−0.192	0.231
G						1	−0.352	0.166	−0.338
Ni							1	−0.322	0.712**
Pe								1	−0.314

注：A，放线菌门；G，γ-变形菌纲；Ni，硝化螺旋菌属；Pe，土微菌属；Ba，芽孢杆菌属。样品数量为 24。

5.8　小　　结

加氧灌溉显著增加作物根际土壤溶解氧、氧化还原电位、氧气扩散速率和土壤呼吸速率，改善作物根际土壤通气状况。

（1）与对照相比，VAI 处理的温室紫茄根际土壤溶解氧浓度增加了 14.43%；VAI 处理的氧化还原电位最高值（与对照处理的最高值相比）增加了 34.73%；土壤呼吸速率和土壤温度显著相关，VAI 处理的土壤呼吸速率增加了 34.35%。

（2）与对照相比，灌溉后 VAI 处理的冬小麦根际土壤呼吸速率显著增强，其他处理无显著差异。VAI 处理和 HP0030 处理的氧气扩散速率显著增强，在 10cm 深度和 20cm 深度效果较好，且加氧处理缓解了灌溉造成的缺氧环境，VAI 处理和 HP0030 处理在灌溉后的氧气扩散速率值能长时间保持在阈值以上，不影响作物的正常生长。VAI 处理和 HP0030 处理的氧化还原电位值也有显著提高。

（3）高灌水量下加氧处理的温室番茄根际土壤溶解氧浓度、氧气扩散速率、氧化还原电位和土壤呼吸速率均显著增强。加氧灌溉将含氧物质输送到作物根区，提高了土壤气相和液相氧的数量，改善了土壤中的氧气扩散速率和氧化还原电位，增强了土壤呼吸速率。土壤中的气相氧和液相氧作为土壤氧气环境的主要组成部分，对土壤通气性的影响较为明显，各处理的土壤氧气扩散速率及氧化还原电位、溶解氧浓度和充气孔隙度呈极显著的正相关关系。

（4）与 N_2CW_1 和 N_2CW_2 处理相比，N_2AW_1 和 N_2AW_2 处理的温室辣椒根际土壤 WFPS 均值分别降低 3.54% 和 2.72%，N_2AW_1 和 N_2AW_2 处理的土壤氧气扩散速率均值分别增大 9.30% 和 13.77%；与 N_2CW_1 和 N_2AW_1 处理相比，N_2CW_2 和 N_2AW_2 处理的土壤 WFPS 均值分别增大 12.72% 和 13.67%，N_2CW_2 处理的氧气扩散速率均值减小 5.01%，N_2AW_2 处理的氧气扩散速率均值减小 1.13%。

（5）加氧灌溉为温室辣椒土壤微生物提供了良好的生存环境，土壤微生物数量和土壤酶活性均得到提高。不同处理温室辣椒根际土壤脲酶活性与过氧化氢酶活性的最大值均出现在 40mg/L 加氧浓度处理，最小值均出现在对照处理，40mg/L 加氧浓度处理的土壤脲酶活性与过氧化氢酶活性均高于 15mg/L 加氧浓度处理；三种土壤不同处理的土壤脲酶活性与过氧化氢酶活性的最大值均出现在 40mg/L 加氧浓度处理。40mg/L 的加氧浓度对于提高土壤微生物数量效果更为明显；三种土壤中不同加氧处理的土壤细菌、真菌、放线菌数量的最大值均出现在 40mg/L 加氧浓度处理中。

（6）加氧灌溉能改变温室辣椒根际土壤细菌的多样性和群落结构。对 Shannon、Pielou_e 指数分析表明，加氧处理显著提高土壤细菌多样性和均匀性；不同通气水平（指加氧和不加氧水平）下，低氮高水量和常氮低水量处理均能显著影响土壤细菌均匀性，而不同灌水量和施氮量对细菌多样性无显著影响。在门、纲水平，相同灌水量条件下，常氮加氧处理较低氮加氧处理变形菌门、α-变形菌纲的相对丰度分别显著增加 15.32%和 17.32%。

（7）对氮代谢相关菌属分析发现，加氧和常氮处理对与固氮相关的芽孢杆菌属、与硝化作用相关的硝化螺旋菌属有极显著影响。

第6章　加氧灌溉作物生理生长特性研究

6.1　试验区概况

试验于 2016 年 4 月 5 日～2019 年 7 月 10 日在河南省郑州市华北水利水电大学农业高效用水试验场现代化温室中进行（34°47′5.91″N，113°47′20.15″E）。所处地理位置属于半干旱区旱作农业区，北温带大陆性季风气候，四季分明、冷暖适中。年日照时数约 2400h，年平均气温 14.4℃，无霜期 220d。7 月最热，月平均气温 27.3℃，1 月最冷，月平均气温 0.1℃，年平均降水量 632mm，无霜期 200d，全年日照时数约 2400h。大棚内相对湿度在 34.53%～85% 波动，气温在 11.0～28.1℃ 波动。使用的温室型号为 V96，建筑总面积 537.6m²，跨度 9.6m，开间 4m。温室实物图如图 6-1 所示。

图 6-1　温室实物图

6.2　试 验 设 计

6.2.1　草莓试验设计

本试验共 3 种土壤，每种土壤设有曝气和对照两种处理；每个处理 6 个重复，共 36 盆。盆栽布置为 6 行 6 列，相邻的 2 行采用同种土壤，其中一行进行加氧灌溉处理（Air），另一行进行普通滴灌并作为对照（CK）。盆栽草莓采用半埋式，试验用盆型号如下，大桶上口直径 38cm，高 35cm，装土 33.3kg；小桶上口直径 30cm，高 25cm，装土 16.5kg。试验用土风干过筛，并留取少量土样做初始养分含量测定，然后加入适当底肥搅拌均匀。

所有盆栽定植之前采用烘干法测定其初始含水率，所有盆栽草莓均采用地下滴灌的灌水方式，滴头深 10cm，滴头额定流量为 2L/h，使用自动压力控制器和空压机将承压水箱（200L）的灌水压力控制在 1 个大气压。每次灌溉先进行对照处理，直接使用自来水灌溉；曝气处理使用曝气装置循环曝气 20min 之后形成稳定的水气耦合物再进行灌溉。每次灌水后土壤含水率要达到田间持水量的 85%；根据温室内的 $\Phi20$ 型蒸发皿的蒸发量确定灌水周期，采用称重法计算土壤含水率，以此控制每次灌水时长。2016 年 4 月 15 日下午选取长势一致的草莓植株定植，每盆 1 株，定植后每个处理灌相同的保苗水。盆栽草莓剪枝、喷药等其他日常管理措施均相同。以 4 月 18 日为第 0d，在之后的生长过程中测量不同土壤中曝气和对照处理下盆栽草莓的各项指标参数。2016 年 5 月 18 日和 6 月 2 日两次收获草莓产量并测定品质，6 月 28 日挖取草莓根系并测定根系指标，7 月初试验结束。

本试验选用河南 3 种典型土壤，分别为郑州黄黏土（YC）、洛阳粉壤土（SCL）和驻马店砂壤土（HL），其基本理化参数见表 6-1。

表 6-1　土壤基本理化参数

地点	土壤类型	pH	速效磷 /(mg/kg)	速效钾 /(mg/kg)	碱解氮 /(mg/kg)	有机质 /(mg/kg)	容重/(g/cm³)
郑州	黄黏土	8.05	5.49	98.39	41.13	11.91	1.42
洛阳	粉壤土	6.33	6.07	101.95	67.06	16.18	1.36
驻马店	砂壤土	6.31	8.14	119.91	68.19	14.93	1.45

6.2.2　小白菜试验设计

以上海兴绿蔬菜种苗研究所培育的小白菜品种"特选苏州青"为供试作物，选用河南省 3 种典型土壤为供试对象，即郑州黄黏土（YC）、洛阳粉壤土（SCL）和驻马店砂壤土（HL），下文分别简称为黄黏土、粉壤土和砂壤土。

试验采用地下滴灌，滴头埋设深度为 10cm，设计流量为 2.0L/h，型号为 NETAFIM。以普通地下滴灌为对照组（CK），设置循环加氧灌溉实验组（CAI），3 种供试土壤，共计 6 个处理，分别计为 CK-YC、CAI-YC、CK-SCL、CAI-SCL、CK-HL 和 CAI-HL，每个处理 6 次重复。试验共布置 6 行盆栽桶，相邻 2 行为相同的土壤，其中一行进行 CAI 处理，另一行进行 CK 处理。盆栽桶上口直径 27cm，下口直径 22cm，高 26cm，每盆风干土装土量为 13.5kg，种植前均匀混施复合肥 19g（N、P、K 质量百分比分别为 15%、15%、30%），分层回填压实，作物生长期间不再追施肥料。定植前采集土样测定初始含水率。供水水箱为 200L，通过自动压力控制器和空气压缩机稳定在 0.1MPa 下进行供水。供水水箱与干管相连，支管连在干管上，支管与滴头通过毛管连接。灌溉顺序为 CK 处理先灌，CAI 处理后灌。CK 处理供水时，开启 CK 处理供水管路，利用供水水箱内的水直接灌溉；CAI 处理灌水时，关闭供水水箱的出水管路，开启循环曝气管路和文丘里空气射流器循环曝气装置，曝气 20min，形成溶解氧含量较高的稳定水气耦合物后（掺气比例约为 15%），开启供水水箱出水管路进行灌溉。

6.2.3　紫茄试验设计

以河南 3 种典型土壤为供试对象，分别为郑州黄黏土（YC）、洛阳粉壤土（SCL）以及驻马店砂壤土（HL），设置曝气处理、化学加氧处理和对照，分别用 VAI、HP0030 和 CK 表示，共计 9 个处理，每个处理 6 个重复。通过对紫茄生长生理指标、作物产量品质及水肥利用的系统研究，明确加氧灌溉对紫茄生长的响应。土壤基本理化指标如表 6-2 所示。

表 6-2　土壤基本理化指标

土壤类型	郑州黄黏土	洛阳粉壤土	驻马店砂壤土
pH	7.86	8.23	6.44
土壤容重/(g/cm³)	1.43	1.25	1.44
有机质/(mg/kg)	10.93	12.35	13.29
速效磷/(mg/kg)	6.25	5.46	8.12
速效钾/(mg/kg)	60.38	103.26	98.65
碱解氮/(mg/kg)	35.41	46.85	67.35
黏粒量（<0.002mm）/%	32.98	22.35	12.35
粉砂量（0.002～0.02mm）/%	34.03	36.48	34.26
砂粒量（0.02～2mm）/%	32.99	41.17	53.39

紫茄生育期划分如表 6-3 所示。

表 6-3　紫茄生育期划分

生育期	起始日期（年-月-日）	结束日期（年-月-日）	试验时间/d
苗期	2017-2-15	2017-4-8	1～53
现蕾期	2017-4-9	2017-4-16	54～61
开花期	2017-4-17	2017-4-24	62～69
结果期	2017-4-25	2017-5-20	70～95
成熟期	2017-5-21	2017-6-23	96～129

6.2.4　盆栽番茄试验①设计

供试番茄品种为"金鹏 8 号"。供试土壤为壤质黏土，容重 1.1g/cm³，砂粒、粉粒和黏粒质量分数分别为 34.59%、31.94%和 33.47%，pH 为 7.1，土壤有机质含量 1.32%，土壤速效氮、速效磷和速效钾含量分别为 87.14mg/kg、12.16mg/kg 和 135.36mg/kg。

采用盆栽进行试验，设置灌水量和加氧量两因素两种水平完全随机试验，记为 W_1 和 W_2（60%和 1.0 倍作物-蒸发皿系数）、A 和 C（加氧和对照处理），5 次重复。加氧处理通过将文丘里空气射流器置于水流的干路上，利用偏压射流器从承压水箱顶部吸取空气，使用循环水泵将灌溉水往复通过文丘里空气射流器进行循环曝气。每次灌溉前曝气 20min，然后再进行灌溉，供水压力为 0.1MPa，此时掺气比例约 12%。盆栽桶为圆形，高 50cm，直径 40cm。于温室内进行试验，盆栽埋入土壤中，使盆内外土温不受影响。每盆装土初始质量为 80kg，质量含水量为 25%。采用地下滴灌方式进行灌溉，每桶中心位置埋设一个滴头（NETAFIM），流量 2.2L/h，供水压力为 0.1MPa，滴头埋深 15cm。

于 2017 年 9 月 27 日移植作物，番茄为 4 叶 1 心至 5 叶 1 心。移植当天浇透底水，移植后 10d 开始加氧处理，株高 30～40cm 时进行吊蔓，三穗果实时打顶。番茄生育期共计 124d，生育期划分列于表 6-4。灌溉水量依据式（6-1）计算：

$$I = A \times E_p \times K_p \qquad\qquad (6-1)$$

式中，I 为各处理每次的灌水量，L；A 为盆栽面积，m^2；E_p 为两次灌水时间间隔内蒸发皿的蒸发量，mm；K_p 为作物-蒸发皿系数，充分灌溉处理时取 1.0。

表 6-4　番茄生育期划分

生育期	开始时间（年-月-日）	结束时间（年-月-日）	试验时间/d
苗期	2017-9-27	2017-10-21	1～25
开花坐果期	2017-10-22	2017-11-5	26～40
果实膨大期	2017-11-6	2017-12-9	41～74
成熟期	2017-12-10	2018-1-28	75～124

通过 $\Phi601$ 标准蒸发皿测得的蒸发量控制灌水量，每天 8:00～9:00 测定蒸发量。灌水周期为 4～5d，灌水时间为 9:00～12:00。

采用的缓释肥料为施乐多（N15-P15-K30＋TE，河北康拓肥料有限公司）。播种前，基肥用量为 30g/桶，均匀搅拌施于表层土体的 1/3 处。分别于第 64d 和第 94d 通过水肥耦合方式追肥 2 次，每次 10g/桶。

6.2.5　微区番茄试验设计

试验作物品种为番茄。试验地内每小区长 2m、宽 1m，共 32 个小区，采用地下滴灌带进行供水，滴灌带直径为 16mm，壁厚为 0.6mm，滴头设计流量为 1.2L/h，滴头间距为 33cm，最大工作压力为 0.2MPa。滴灌带土面上方起垄，垄高 10cm，滴灌带埋深为 10cm。每垄移栽 5 株番茄苗，株距 33cm。每个小区供水管单独控制，均设有水表记录灌水量。

试验采用的土壤为郑州黄黏土，0～30cm 土壤容重每 10cm 依次为 1.26g/cm^3、1.48g/cm^3、1.50g/cm^3，土壤砂粒、粉粒、黏粒质量分数分别为 32.99%、34.03%和 32.98%，pH 为 6.5，

有机质含量为 13.62g/kg，土壤全氮、全磷和全钾含量依次为 0.81g/kg、0.79g/kg 和 30.38g/kg，田间持水率为 28%。

设置施肥量、灌水量和加氧三因素两种水平完全随机试验，记为 N_1 和 N_2（135kg N/hm^2 和 180kg N/hm^2）、W_1 和 W_2（60% 和 1.0 倍作物-蒸发皿系数）、A 和 C（空气加氧处理，15mg/L；对照处理，5mg/L），每个处理 4 次重复。空气加氧处理和对照处理采用的灌溉方案同前文，空气加氧处理的灌溉水溶解氧浓度约 15mg/L，对照处理的浓度约 5mg/L。由于不同施肥量对土壤通气性的影响并不显著，这里仅对单一施肥处理的通气性指标进行了测量。

于 2018 年 9 月 14 日进行移栽，移栽当天浇透底水，以保证幼苗的成活。于定植 7d 后覆膜，定植 14d 后开始灌溉处理，每 5～7d 灌 1 次水。株高 30～40cm 时进行吊蔓，三穗果实时打顶。生育期共 110d（表 6-5）。

表 6-5　温室微区番茄生育期

生育期	起始日期（年-月-日）	结束日期（年-月-日）	试验时间/d
苗期	2018-9-15	2018-10-11	1～27
开花坐果期	2018-10-12	2018-10-29	28～45
果实膨大期	2018-10-30	2018-12-3	46～80
成熟期	2018-12-4	2019-1-3	81～111

各小区分别供水，采用水表计量供水量。灌水量根据式（6-1）计算，小区控制面积为 2m^2，蒸发皿系数低水量取 0.6、高水量取 1.0。每天 8:00～9:00 测定 Φ601 标准蒸发皿的蒸发量。灌水周期为 5～7d，灌水时间为 8:00～15:00。

小区采用的肥料为水溶性肥（利多保，含 20% N、20% P$_2$O$_5$、20% K$_2$O），全生育期共施肥 2 次，每次各施一半，施肥时间为移栽后 48d 和 67d。利用施肥器将水溶肥掺入水流，在制水罐中混匀。

6.2.6　盆栽辣椒试验设计

设置了不同加氧量和施肥量下的温室盆栽辣椒试验，系统监测土壤呼吸速率、土壤充气孔隙度、氧气扩散速率、氧化还原电位及土壤溶解氧浓度的动态变化，于生育期中监测作物生长生理指标，于生育期末监测作物生物量、产量、品质、养分吸收利用指标，并取土监测土壤酶活性和微生物量。

供试土壤为壤质黏土，pH 为 7.5，容重为 1.25g/cm^3，砂粒、粉粒和黏粒质量分数分别为 20.95%、36.51% 和 42.54%，种植前土壤有机质含量为 19.38g/kg，碱解氮、有效磷和速效钾含量分别为 65.87mg/kg、16.62mg/kg 和 14.55mg/kg。供试辣椒品种为 'bejo3122'（中国潍坊神农农业生物科技有限公司）。

采用盆栽进行试验，设置 4 种施氮量和 3 种加氧量，记为 N_1（300kg N/hm^2）、N_2

（225kg N/hm²）、N₃（150kg N/hm²）、N₄（75kg N/hm²）和 A（空气加氧处理，溶解氧 15mg/L）、O（氧气加氧处理，溶解氧 40mg/L）、C（对照处理，溶解氧 5mg/L），共 12 个处理，每个处理 8 次重复。

空气加氧处理和对照处理采用的灌溉水同前文，空气加氧处理的灌溉水溶解氧浓度约 15mg/L，对照处理的浓度约 5mg/L。

氧气加氧处理通过海蓝科技微纳米气泡机（50Hz，宜兴市海蓝科技有限公司）进行加氧，该设备利用变压吸附分离原理制备纯氧，通过外置的储水罐进行循环曝气，可制备超高溶解氧微纳米气泡水。加氧灌溉处理中待灌溉水溶解氧达到 40mg/L（5min）时开始灌溉。通过首部压力表控制供水压力为 0.10MPa。

盆栽桶为圆形，高 40cm，直径 30cm，盆栽桶埋入土壤与地面齐平，以维持盆栽土温与环境土温相一致。每盆土初始质量含水率为 26%。采用地下滴灌进行供水，每桶中心位置埋设一个滴头（NETAFIM），滴头埋深 15cm，灌溉压力 0.1MPa，流量 2.2L/h。

于 2018 年 9 月 14 日作物处于 3 叶 1 心至 4 叶 1 心时移栽，每盆 1 株。移栽当天浇透底水，移栽 14d 后开始加氧处理。辣椒生育期共计 110d。

通过埋于 15cm 土层处的水分探头来控制开始灌溉时间。灌水量依据式（6-1）计算，作物-蒸发皿系数取 1.0。每天 8:00～9:00 测定 Φ601 标准蒸发皿的蒸发量和水分探头读数，以此控制灌水量和灌水时间。

施肥采用水肥耦合方式进行，定植后 20d、40d、55d、65d、75d、85d、95d 共施氮 7 次，各次施氮量占整个生育期总施氮量的比例分别为 13.33%、13.33%、13.33%、20.00%、20.00%、13.33%、6.67%[①]。

6.2.7　盆栽番茄试验②设计

为了研究加氧灌溉对作物生物量积累动态和养分吸收动态的影响，试验设置了不同加氧量和施肥量下的温室盆栽番茄试验，采取破坏性取样的方式系统监测不同生育期的作物生物量积累和养分吸收利用。

供试土壤为壤质黏土，pH 为 7.5，容重为 1.25g/cm³，砂粒、粉粒和黏粒质量分数分别为 20.95%、36.51%和 42.54%，种植前土壤有机质含量为 19.38g/kg，碱解氮、有效磷和速效钾含量分别为 38.87mg/kg、8.68mg/kg 和 4.58mg/kg。

试验设计 3 个曝气量和 4 个施肥量，共计 12 个组合，每个组合 8 次重复。灌溉水量为充分灌溉（1.0 倍作物-蒸发皿系数）。3 个曝气量为氧气加氧（40mg/L）、空气加氧（15mg/L）和对照（5mg/L）；4 个施肥量分别设置为 240kg N/hm²、180kg N/hm²、120kg N/hm² 和 60kg N/hm²。

氧气加氧处理、空气加氧处理和对照处理采用的灌溉方案同前文，氧气加氧处理的灌溉水溶解氧浓度约 40mg/L，空气加氧处理的浓度约 15mg/L，对照处理的浓度约 5mg/L。

盆栽桶为圆形，高 40cm，直径 30cm，盆栽桶埋入土壤与地面齐平，以维持盆栽土

---

① 因数值修约导致误差。

温与环境土温相一致。每盆土初始质量含水率为 26%。采用地下滴灌进行供水，每桶中心位置埋设一个滴头（NETAFIM），滴头埋深 10cm，灌溉压力为 0.1MPa，流量 2.2L/h。

于 2019 年 3 月 9 日作物处于 3 叶 1 心至 4 叶 1 心时移栽，每盆 1 株。移栽当天浇透底水，移栽后 10d 开始加氧处理。番茄生育期共计 110d（表 6-6）。通过埋于 10cm 土层处的水分探头来控制开始灌溉时间。灌水量依据式（6-1）计算。每天 8:00～9:00 测定 Φ601 标准蒸发皿的蒸发量和水分探头读数，以此控制灌水量。于定植后 10d、25d，以及第一、第二、第三穗果实膨大期施肥，施肥比例为 1:1:2:2:2。

表 6-6　温室盆栽番茄生育期

生育期	起始日期（年-月-日）	结束日期（年-月-日）	移栽天数/d
苗期	2019-3-9	2019-4-2	1～25
开花坐果期	2019-4-3	2019-4-17	26～40
果实膨大期	2019-4-18	2019-5-21	41～74
成熟期	2019-5-22	2019-7-10	75～124

6.3　加氧灌溉下草莓响应研究

6.3.1　草莓净光合速率

图 6-2 为草莓的净光合速率在不同土壤类型中曝气处理与对照处理之间的差异比较，从图 6-2 中可以很明显地看出，在 3 种土壤类型下，曝气处理草莓的净光合速率都大于对照处理，且都通过 $P < 0.05$ 水平下的差异性显著性检验，郑州黄黏土（YC）曝气处理较对照处理增加 18.6%，洛阳粉壤土（SCL）曝气处理较对照处理增加 13.4%，驻马店砂壤土（HL）曝气处理较对照处理增加 15.7%。

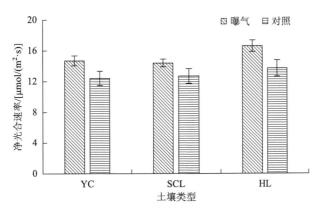

图 6-2　不同土壤类型中盆栽草莓的净光合速率

6.3.2 草莓气孔导度

图 6-3 为草莓的气孔导度在不同土壤类型中曝气处理与对照处理之间的差异比较，从图 6-3 中可以很直观地看出，在郑州黄黏土（YC）和驻马店砂壤土（HL）条件下，曝气处理草莓的气孔导度大于对照处理，且都通过 $P<0.05$ 水平下的差异性显著性检验，郑州黄黏土（YC）曝气处理较对照处理增加了 34.7%，驻马店砂壤土（HL）曝气处理较对照处理增加了 20.6%。

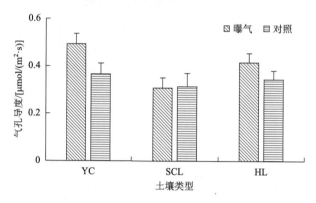

图 6-3　不同土壤类型中盆栽草莓的气孔导度

6.3.3 草莓蒸腾速率

图 6-4 为草莓的蒸腾速率在不同土壤类型中曝气处理与对照处理之间的差异比较。从图 6-4 中可以很明显地看出，在 3 种土壤类型下，曝气处理草莓的蒸腾速率都大于对照处理，且都通过 $P<0.05$ 水平下的差异性显著性检验，郑州黄黏土（YC）曝气处理较对照处理增加了 26.4%，洛阳粉壤土（SCL）曝气处理较对照处理增加了 5.6%，驻马店砂壤土（HL）曝气处理较对照处理增加了 10.9%。

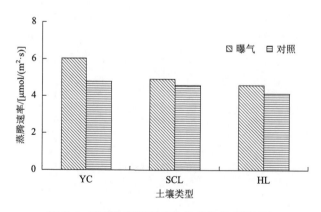

图 6-4　不同土壤类型中盆栽草莓的蒸腾速率

6.3.4　草莓品质

表 6-7 给出了不同土壤类型中不同处理草莓果实品质结果。

表 6-7　不同处理的草莓品质

土壤类型	处理	平均单果重/g	可溶性固形物/%	总酸/(g/kg)	糖酸比	VC 含量/(mg/100g)
YC	Air	9.17a	9.23a	5.53a	1.67a	41.68a
	CK	6.99b	7.78b	6.86b	1.13b	37.01b
SCL	Air	9.00a	8.67a	7.22a	1.20a	40.35a
	CK	8.02b	7.05a	6.33b	1.11b	39.01b
HL	Air	7.87a	6.23a	6.81a	0.91a	34.56a
	CK	5.18b	5.63a	7.72b	0.73b	30.25b

可溶性固形物、总酸以及 VC 含量都是决定草莓品质好坏的重要因素，VC 含量越高，可溶性固形物含量越高，总酸含量越低，果实口味就越甜，品质就越好，反之，就越不好。依据表 6-7 中数据可以得出，相比于对照处理，郑州黄黏土（YC）条件下曝气处理 VC 含量增加了 12.6%，可溶性固形物增加了 18.6%，总酸下降了 19.4%，糖酸比增加了 47.8%；洛阳粉壤土（SCL）条件下曝气处理 VC 含量增加了 3.4%，可溶性固形物增加了 23.0%，总酸提高了 14.1%，糖酸比增加了 8.1%；驻马店砂壤土（HL）条件下 VC 含量增加了 14.2%，可溶性固形物增加了 10.7%，总酸下降了 11.8%，糖酸比增加了 24.7%；总之，曝气处理 3 种土壤中果实 VC 含量和可溶性固形物都是增加的，果实总酸在郑州黄黏土（YC）和驻马店砂壤土（HL）中是下降的，在洛阳粉壤土（SCL）中是增加的，糖酸比 3 种土壤中都是增加的，因此，加氧灌溉可以改善郑州黄黏土（YC）、洛阳粉壤土（SCL）和驻马店砂壤土（HL）上作物的品质，郑州黄黏土（YC）改善效果最明显。

6.3.5　草莓根系指标

不同土壤条件下盆栽草莓的根冠比、最大根长和根系活力如图 6-5 所示。

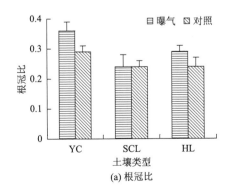

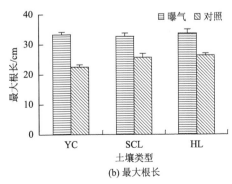

(a) 根冠比　　　　　　　　　　(b) 最大根长

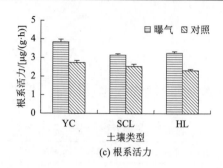

图 6-5　不同土壤条件下盆栽草莓根冠比、最大根长和根系活力

　　研究采用根干重和地上部干重的比值来计算根冠比，根冠比大小可以代表根系和地上部分的相关关系。图 6-5 为草莓的根冠比、最大根长和根系活力在不同土壤类型中曝气处理与对照处理之间的差异比较，从图 6-5 中可以看出，3 种土壤条件下，曝气处理的根冠比、最大根长和根系活力都要大于对照处理，且都通过 $P = 0.05$ 水平下的差异性显著性检验，郑州黄黏土（YC）中分别提高 48%、24.1% 和 40.2%，洛阳粉壤土（SCL）中分别提高了 17.8%、28% 和 20%，驻马店砂壤土（HL）中分别提高了 27.7%、20.8% 和 40.1%。

6.3.6　小结

　　（1）郑州黄黏土（YC）、洛阳粉壤土（SCL）和驻马店砂壤土（HL）曝气处理草莓净光合速率都大于对照处理，分别增加了 18.6%、13.4% 及 15.7%；气孔导度分别增加了 34.7%、10.6% 以及 20.6%；曝气处理的蒸腾速率较对照处理分别增加了 26.4%、5.6% 以及 10.9%。

　　（2）较对照处理，曝气处理草莓果实产量、品质以及根系指标都明显提高；郑州黄黏土（YC）条件下加氧灌溉对种植草莓具有更为显著的改善效果。

6.4　加氧灌溉下小白菜响应研究

6.4.1　小白菜根系指标

　　小白菜根系活力测量结果见图 6-6。由图 6-6 可知，与 CK 相比，CAI 处理下黄黏土、粉壤土和砂壤土根系活力分别增大了 46.36%、16.79 和 22.84%，均存在显著差异性（$P<0.05$）。

　　表 6-8 给出了不同处理小白菜的根系参数。由表 6-8 可知，与 CK 相比，CAI 处理下黄黏土根鲜质量、根干质量、根长度、根体积分别增大了 67.30%、36.00%、71.44% 和 39.26%，均具有显著性差异（$P<0.05$）。CAI 处理下粉壤土根鲜质量增大了 36.49%，具有显著差异（$P<0.05$）；根干质量、根体积、根长度差异不显著（$P>0.05$）。CAI 处理下砂壤土根干质量、根体积分别增大了 35.29% 和 55.70%，差异显著（$P<0.05$）；根鲜质量、根长无显著差异。

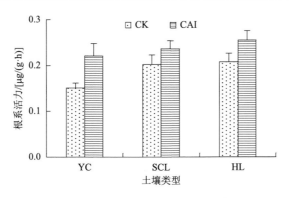

图 6-6　不同处理小白菜根系活力

表 6-8　不同处理的小白菜根系参数

土壤类型	处理	根鲜质量/g	根干质量/g	根长度/cm	根体积/mL
黄黏土	YC-CK	4.71±0.45b	0.50±0.01b	15.30±2.63b	4.33±0.75b
	YC-CAI	7.88±1.79a	0.68±0.09a	26.23±4.34a	6.03±0.25a
粉壤土	SCL-CK	4.96±0.84b	0.50±0.05b	19.53±3.88b	3.70±1.04b
	SCL-CAI	6.77±0.44a	0.62±0.06ab	24.73±2.60ab	5.30±0.60ab
砂壤土	HL-CK	5.50±0.80ab	0.51±0.00b	17.70±4.24b	3.95±0.07b
	HL-CAI	7.85±1.32a	0.69±0.08a	24.70±5.66ab	6.15±0.92a

6.4.2　小白菜生理指标

气孔导度表示气孔张开的程度，影响作物的光合作用和蒸腾作用。不同处理小白菜光合指标和叶绿素含量见图 6-7。由图 6-7 可知，与 CK 处理相比，CAI 处理下黄黏土、砂壤土气孔导度分别提高了 39.66%和 37.59%，差异显著（$P<0.05$）；而 CAI 处理下粉壤土气孔导度提升作用不显著（$P>0.05$）。与 CK 处理相比，CAI 处理下粉壤土蒸腾速率增大了 50.00%，有显著差异（$P<0.05$）；黄黏土和砂壤土中 CAI 处理与 CK 处理之间无显著差异。与 CK 处理相比，CAI 处理下黄黏土、粉壤土、砂壤土 3 种土壤的净光合速率分别增大了 17.69%、12.41%和 21.43%，均有显著性差异（$P<0.05$）。另由图 6-7（d）可

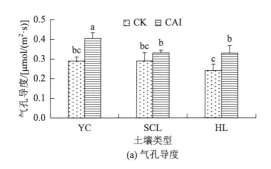

(a) 气孔导度

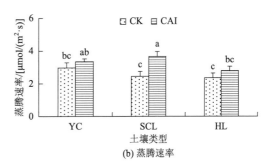

(b) 蒸腾速率

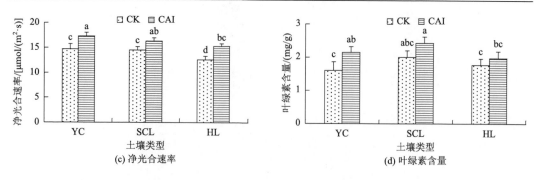

图 6-7　不同处理小白菜光合指标和叶绿素含量

知，与 CK 相比，CAI 处理下黄黏土叶绿素含量增大了 33.92%，存在显著性差异（$P<0.05$）；而粉壤土、砂壤土 CAI 处理与 CK 之间无显著差异。

6.4.3　小白菜生物量及水分利用效率

由表 6-9 可知，黄黏土条件下，与 CK 处理相比，CAI 处理的小白菜地上部鲜质量和干质量分别增大了 58.41% 和 30.16%。相同处理粉壤土条件下，小白菜地上部鲜质量和干质量分别增大了 62.03% 和 34.71%（$P<0.05$）；砂壤土 CAI 处理与 CK 之间无显著差异。CAI 处理下黄黏土、粉壤土水分利用效率与 CK 处理存在显著差异（$P<0.05$），分别增大 27.70% 和 16.88%，而砂壤土二者之间差异不显著（$P>0.05$）。

表 6-9　小白菜生物量及水分利用效率

土壤类型	处理	地上部鲜质量/g	地上部干质量/g	水分利用效率/(g/kg)
黄黏土	YC-CK	133.35±21.10b	7.89±1.04b	1.48±0.14b
	YC-CAI	211.24±42.80a	10.27±2.02a	1.89±0.19a
粉壤土	SCL-CK	111.15±49.39b	7.03±1.05b	1.60±0.08b
	SCL-CAI	180.10±23.40a	9.47±0.85a	1.87±0.08a
砂壤土	HL-CK	151.41±28.38a	8.29±0.39ab	1.63±0.07b
	HL-CAI	204.61±33.95a	9.74±1.73a	1.76±0.21ab

6.4.4　小白菜养分吸收量与吸收效率

表 6-10 为不同处理小白菜养分吸收量和养分吸收效率。与 CK 处理相比，CAI 处理下黄黏土和粉壤土小白菜氮吸收效率较 CK 处理分别提高了 23.68% 和 39.09%，二者之间存在显著性差异（$P<0.05$）；CAI 处理下砂壤土与 CK 处理差异不显著（$P>0.05$）。CAI 处理下黄黏土、粉壤土和砂壤土磷、钾吸收效率较 CK 处理均显著提高（$P<0.05$），磷吸

收效率分别提高了 27.52%、25.00%和 27.07%，钾吸收效率分别提高了 62.68%、63.06%和 23.88%。3 种土壤中氮和磷吸收效率以砂壤土最大，黄黏土次之，粉壤土最小；对于钾吸收效率而言，粉壤土最大，砂壤土次之，黄黏土最小。

表 6-10　小白菜养分吸收量与养分吸收效率

土壤	处理	养分吸收量/(g/盆)			养分吸收效率/(0.01kg/kg)		
		氮	磷	钾	氮	磷	钾
黏土	YC-CK	0.28±0.01ab	0.03±0.00c	0.32±0.01e	9.88±0.35c	1.09±0.08e	5.60±0.18f
	YC-CAI	0.35±0.02a	0.04±0.00d	0.52±0.00b	12.22±0.64b	1.39±0.10d	9.11±0.05c
粉壤土	SCL-CK	0.25±0.00b	0.03±0.00d	0.38±0.02d	8.80±0.17c	0.92±0.04f	6.66±0.27e
	SCL-CAI	0.35±0.04a	0.03±0.00d	0.62±0.02a	12.24±1.33b	1.15±0.07e	10.86±0.42ab
砂壤土	HL-CK	0.30±0.02ab	0.05±0.00b	0.46±0.03c	10.53±0.76bc	1.81±0.05c	8.04±0.52d
	HL-CAI	0.36±0.01a	0.07±0.00a	0.57±0.00a	12.58±0.52b	2.30±0.04b	9.96±0.06b

6.4.5　小结

（1）循环曝气地下滴灌促进了小白菜的根系生长和产量提高。与 CK 处理相比，循环曝气处理下郑州黄黏土和洛阳粉壤土小白菜的根干质量分别增加 36.00%和 24.00%、小白菜地上部鲜质量分别增加了 58.41%和 62.03%，且均有显著性差异（$P<0.05$）。

（2）循环加氧灌溉处理小白菜光合作用较 CK 处理有显著改善（$P<0.05$），郑州黄黏土、洛阳粉壤土和驻马店砂壤土小白菜净光合速率分别增大 17.69%、12.41%和 21.43%。

（3）循环加氧灌溉处理促进了小白菜养分吸收。郑州黄黏土和洛阳粉壤土氮吸收效率分别提高了 23.68%和 39.09%（$P<0.05$），郑州黄黏土、洛阳粉壤土、驻马店砂壤土磷吸收效率分别提高了 27.52%、25.00%和 27.07%（$P<0.05$），钾吸收效率分别提高了 62.68%、63.06%和 23.88%（$P<0.05$）。

（4）循环加氧灌溉提高小白菜水分利用效率。与 CK 处理相比，郑州黄黏土和洛阳粉壤土中循环加氧灌溉处理水分利用效率分别提高了 27.70%和 16.88%（$P<0.05$）。

综合比较小白菜生长生理指标、产量、水分利用效率及养分吸收效率，郑州黄黏土中循环加氧灌溉处理对小白菜的改善效果最为显著。

6.5　加氧灌溉下冬小麦响应研究

6.5.1　冬小麦根系指标

表 6-11 为不同处理冬小麦根系指标的测量结果。不同处理冬小麦根系形态存在较大变化。其中，VAI 处理 0～10cm 处的根系总表面积和根长密度较 CK 处理分别增加了

36.03%（$P>0.05$）和 37.21%（$P<0.05$），10～20cm 土层根系总表面积和根尖数较 CK 处理分别增大了 26.41%（$P>0.05$）和 60.85%（$P<0.05$），VAI 处理 20～30cm 土层根系总表面积、根长密度和根尖数较 CK 处理分别显著提高了 46.46%、25.49%和 70.32%（$P<0.05$）；HP0030 处理 0～10cm 土层根长密度和根系总体积较 CK 处理分别提高了 27.13%和 15.29%（$P<0.05$），20～30cm 土层均无显著差异。VAI 和 HP0030 处理通气性改善效果显著，根系生长得到增强，HP3K 和 CK 无显著差异。

表 6-11　不同处理冬小麦根系指标

土层深度	处理	根系总表面积/cm²	平均直径/mm	根长密度/(cm/cm³)	根系总体积/cm³	根尖数
0～10cm	VAI	230.51±26.3a	0.38±0.03a	5.31±0.5a	1.87±0.44ab	5241.6±1301.6a
	HP3K	184.17±13.36a	0.41±0.04a	4.03±0.65b	1.76±0.4ab	5913.6±1895.92a
	HP0030	207.27±21.97a	0.39±0.06a	4.92±0.68a	1.81±0.61a	5935.2±1397.32a
	CK	169.45±20.7a	0.38±0.03a	3.87±0.29b	1.57±0.58b	3374.4±300.8a
10～20cm	VAI	34.03±6.34a	0.24±0.02a	1.13±0.17a	0.19±0.05ab	2557.8±569.01a
	HP3K	28.99±13.63ab	0.27±0.04a	1.09±0.24a	0.19±0.11a	1632.2±365.84bc
	HP0030	24.63±7.62b	0.24±0.04a	1.2±0.21a	0.14±0.04b	1871±587.92c
	CK	26.92±2.65ab	0.23±0.02a	1.12±0.16a	0.18±0.05ab	1590.2±303.42b
20～30cm	VAI	27.3±5.58a	0.24±0.02a	0.64±0.06a	0.16±0.03a	1544.8±422.16a
	HP3K	19.19±4.84b	0.26±0.03a	0.61±0.08ab	0.12±0.02a	971.6±173.19b
	HP0030	20.16±5.66b	0.25±0.03a	0.55±0.04ab	0.13±0.03a	1220.4±599.94b
	CK	18.64±3.71b	0.24±0.04a	0.51±0.08b	0.12±0.02a	907±96.75b

6.5.2　冬小麦气孔导度

表 6-12 给出了不同处理冬小麦气孔导度的比较。加氧灌溉处理冬小麦气孔导度有了显著增强。抽穗期 VAI 处理的气孔导度较 CK 处理增大了 38.78%；灌浆期 VAI 和 HP0030 处理的气孔导度较 CK 处理分别增大了 23.53%和 17.65%（$P<0.05$）；HP3K 的气孔导度较 CK 均无显著差异。

表 6-12　不同处理冬小麦气孔导度　　　　［单位：$\mu mol/(m^2 \cdot s)$］

处理	拔节期	抽穗期	灌浆期
VAI	0.63±0.147a	0.68±0.063a	0.21±0.021a
HP3K	0.59±0.085a	0.58±0.084ab	0.17±0.029ab
HP0030	0.47±0.129a	0.53±0.141ab	0.20±0.017a
CK	0.46±0.040a	0.49±0.052b	0.17±0.014b

6.5.3 冬小麦蒸腾速率

表 6-13 为不同处理冬小麦蒸腾速率的比较。加氧灌溉处理使冬小麦蒸腾速率提高。抽穗期 VAI 处理的蒸腾速率较 CK 处理增大了 21.55%；灌浆期 VAI 和 HP0030 处理的蒸腾速率较 CK 处理分别增大了 11.61% 和 15.83%（$P<0.05$）；HP3K 的蒸腾速率较 CK 均无显著差异。

表 6-13　不同处理冬小麦蒸腾速率　　　　[单位：$\mu mol/(m^2 \cdot s)$]

处理	拔节期	抽穗期	灌浆期
VAI	4.94±0.166a	6.43±0.354a	4.23±0.334a
HP3K	5.28±0.432a	5.64±0.373b	4.20±0.629ab
HP0030	4.90±0.495a	5.41±1.014ab	4.39±0.301a
CK	4.87±0.439a	5.29±0.771b	3.79±0.253b

6.5.4 冬小麦净光合速率

表 6-14 给出了不同时期冬小麦净光合速率的比较。加氧处理冬小麦的净光合速率有了显著改善，灌浆期 VAI、HP3K 和 HP0030 处理的净光合速率较 CK 处理均有所提高，分别增大了 43.41%、26.37% 和 20.37%（$P<0.05$）。

表 6-14　不同时期冬小麦净光合速率　　　　[单位：$\mu mol/(m^2 \cdot s)$]

处理	拔节期	抽穗期	灌浆期
VAI	17.12±1.29a	19.78±1.40a	19.36±0.94a
HP3K	16.78±1.64a	19.60±2.22a	17.06±0.96b
HP0030	16.70±1.26a	19.22±2.17a	16.25±1.99bc
CK	15.40±1.71a	18.59±1.71a	13.50±1.23d

6.5.5 冬小麦生物量和产量

冬小麦的产量、水分利用效率和秸秆生物量列于表 6-15。与 CK 处理相比，VAI 和 HP0030 处理的产量分别增大了 36.27% 和 23.37%，HP3K 没有显著差异。VAI、HP3K、HP0030 和 CK 处理的水分利用效率分别为 2.46kg/m³、2.20kg/m³、2.15kg/m³ 和 1.77kg/m³，VAI 处理较 CK 处理增大了 38.98%，HP3K 和 HP0030 处理较 CK 处理却没有显著差异。VAI 和 HP0030 处理的秸秆生物量较 CK 处理分别增大了 23.57% 和 10.33%。

表 6-15　不同处理冬小麦产量、水分利用效率和秸秆生物量指标

处理	产量/(g/pot)	千粒重/g	水分利用效率/(kg/m³)	秸秆生物量/(g/pot)
VAI	162.19±9.33a	50.32±1.95a	2.46±0.14a	145.62±5.15a
HP3K	144.43±19.54ab	49.68±5.74a	2.20±0.29ab	124.48±10.32ab
HP0030	146.84±14.72a	47.88±3.39a	2.15±0.22ab	130.01±5.75a
CK	119.02±7.77b	49.24±3.87a	1.77±0.12b	117.84±5.51b

6.5.6　冬小麦养分吸收利用

冬小麦不同部位的养分含量、养分吸收量、籽粒养分分配比和养分吸收效率见表 6-16～表 6-19。表 6-16 显示,加氧灌溉提高了冬小麦籽粒养分的含量。其中,VAI 和 HP0030 处理籽粒 N 含量较 CK 处理分别提高了 22.42% 和 36.41%,VAI 处理籽粒 P 含量提高了 97%;表 6-17 显示,作物养分吸收量也有所改善,其中,VAI 处理的籽粒 N、P、K 的吸收量较 CK 处理分别提高了 68.81%、26.09%、46.83%($P<0.05$),HP0030 处理的 N 吸收量增大了 66.06%($P<0.05$)。VAI、HP3K 和 HP0030 处理秸秆 P 吸收量较 CK 处理分别提高了 214.29%、102.86% 和 74.29%($P<0.05$),K 吸收量分别提高了 83.23%、33.87% 和 33.55%($P<0.05$)。

表 6-16　作物不同部位的养分含量

养分含量	处理	秸秆	籽粒
N/(g/kg)	VAI	7.84±0.31b	22.93±1.75a
	HP3K	7.00±0.7b	20.53±2.91ab
	HP0030	9.33±0.40a	25.55±0.70a
	CK	7.70±0.99b	18.73±2.31b
P/(g/kg)	VAI	4.38±0.16a	6.56±0.95a
	HP3K	3.53±0.66b	5.22±0.48ab
	HP0030	3.91±0.59ab	4.51±0.9ab
	CK	3.75±0.44b	3.33±1.43b
K/(g/kg)	VAI	41.81±2.19a	11.83±0.42a
	HP3K	35.90±5.17ab	10.92±1.55a
	HP0030	33.59±4.04b	10.82±0.2a
	CK	29.61±3.5b	10.24±0.48a

籽粒养分分配比是指示小麦籽粒形成时养分分配效率的重要指标;比值越大,养分向籽粒富集,表明籽粒形成时养分分配效率越高。表 6-18 显示,VAI 和 HP3K 处理的籽粒 N 分配比 CK 处理分别增大了 9.86% 和 14.08%($P<0.05$);VAI、HP3K 和 HP0030 处

理 P 分配比分别增大了 58.14%、60.47% 和 41.86%（$P<0.05$），其余处理无显著差异。

表 6-19 显示，加氧灌溉处理提高了作物养分吸收效率。其中，VAI、HP3K 和 HP0030 处理 N 吸收效率较 CK 处理分别提高了 43.86%、64.91% 和 47.37%（$P<0.05$）；VAI 和 HP3K 处理 P 吸收效率较 CK 处理分别增大了 123.08% 和 69.23%（$P<0.05$），K 吸收效率分别提高了 75.00% 和 58.33%（$P<0.05$）

表 6-17 作物不同部位的养分吸收量

养分吸收量	处理	秸秆	籽粒
N/(g/pot)	VAI	1.07±0.14a	3.68±0.36a
	HP3K	0.87±0.01b	3.01±0.75b
	HP0030	1.04±0.14a	3.62±0.49a
	CK	0.92±0.12ab	2.18±0.32c
P/(g/pot)	VAI	1.10±0.12a	0.58±0.07a
	HP3K	0.71±0.12b	0.42±0.15b
	HP0030	0.61±0.09b	0.44±0.06b
	CK	0.35±0.07c	0.46±0.14b
K/(g/pot)	VAI	5.68±0.95a	1.85±0.18a
	HP3K	4.15±0.19b	1.66±0.46b
	HP0030	4.14±0.74b	1.46±0.26c
	CK	3.10±0.81c	1.26±0.23c

表 6-18 不同处理冬小麦籽粒养分分配比

处理	籽粒养分分配比/(g/g)		
	N	P	K
VAI	0.78±0.01a	0.68±0.04a	0.25±0.02a
HP3K	0.81±0.06a	0.69±0.07a	0.30±0.05a
HP0030	0.76±0.05ab	0.61±0.03a	0.29±0.04a
CK	0.71±0.06b	0.43±0.04b	0.28±0.05a

表 6-19 不同处理冬小麦养分吸收效率

处理	养分吸收效率		
	N	P	K
VAI	0.82±0.08a	0.29±0.03a	0.63±0.09a
HP3K	0.94±0.13a	0.22±0.04b	0.57±0.07a
HP0030	0.84±0.04a	0.17±0.01bc	0.44±0.04b
CK	0.57±0.09b	0.13±0.03c	0.36±0.07b

6.5.7　冬小麦籽粒养分积累量和产量的相关关系

不同处理冬小麦籽粒的养分积累量和产量、千粒重相关关系见表6-18。由表6-20可以看出，VAI 和 HP0030 处理产量和籽粒 N 积累量呈显著正相关（$r=0.801 \sim 0.937$，$P<0.05$）；HP3K 和 HP0030 处理产量和籽粒 K 积累量呈极显著正相关（$r=0.976 \sim 0.980$，$P<0.01$），CK 处理二者呈显著正相关（$r=0.904$，$P<0.05$）。

表 6-20　不同处理冬小麦籽粒 N、P、K 积累量与产量和千粒重的相关关系

处理	因子	N 积累量	P 积累量	K 积累量
VAI	产量	0.801*	−0.565	0.868
	千粒量	−0.641	0.123	−0.848
HP3K	产量	0.506	0.840	0.980**
	千粒量	−0.479	−0.854	−0.825
HP0030	产量	0.937*	0.594	0.976**
	千粒量	−0.516	−0.936*	−0.705
CK	产量	0.801	0.325	0.904*
	千粒量	0.619	0.923*	0.504

6.5.8　冬小麦植株养分吸收量和根系的相关关系

将籽粒和秸秆养分吸收量之和视为养分吸收总量，将 3 个深度的根系体积之和视为根系总体积，根系表面积之和视为根系总表面积，根尖数之和视为总根尖数，分析它们之间的相关关系，见表6-21。

表 6-21　冬小麦植株 N、P、K 吸收总量（TU_N、TU_P、TU_K）与根系总体积（RVT）、根系总表面积（RST）和总根尖数（RTT）的相关关系

处理	因子	TU_N	TU_P	TU_K
VAI	RVT	0.843*	0.101	0.713
	RST	0.817*	−0.250	0.868*
	RTT	0.670	−0.479	0.754
HP3K	RVT	0.708	0.348	0.792
	RST	0.626	−0.016	0.379
	RTT	0.942**	0.559	0.588
HP0030	RVT	−0.291	−0.114	−0.201
	RST	−0.087	0.748	0.430
	RTT	0.760	−0.090	0.560

处理	因子	TU$_N$	TU$_P$	TU$_K$
	RVT	−0.056	0.171	0.120
CK	RST	−0.056	0.171	0.120
	RTT	−0.372	−0.151	−0.307

由表 6-21 可以看出，VAI 处理的根系总体积及根系总表面积和植株 N 吸收总量呈显著正相关（$r = 0.817 \sim 0.843$，$P < 0.05$），根系总表面积和植株 K 吸收总量呈显著正相关（$r = 0.868$，$P < 0.05$）；HP3K 处理的总根尖数和植株 N 吸收总量呈极显著的正相关（$r = 0.942$，$P < 0.01$）；其他指标之间相关性不显著。

6.5.9　小结

（1）加氧灌溉可促进作物根系的生长，VAI 和 HP0030 处理的根系总表面积、根长密度、根系总体积和根尖数较 CK 处理有所增加；和通气性改善效果一致，0～10cm 和 10～20cm 土层根系改善状况较好。

（2）加氧灌溉提高了作物的产量，促进了作物植株 N、P、K 的养分吸收量，籽粒养分分配比增强。相对于 CK 处理而言，VAI 处理和 HP0030 处理的冬小麦产量有所提高，VAI 处理的水分利用效率也有显著提高。

（3）加氧灌溉改善了作物的生理指标。VAI、HP3K 和 HP0030 加氧处理的光合作用有所提高；与 CK 处理相比，VAI 和 HP0030 处理的蒸腾速率和气孔导度有所提高，HP3K 和 CK 差异不显著；受益于氧气扩散速率的改善，灌浆期加氧灌溉对生理反应的改善效果更显著。

（4）VAI 和 HP0030 处理的籽粒 N 积累量和产量呈显著的正相关关系；VAI 处理的根系总体积及根系总表面积和植株 N 吸收总量呈显著的正相关关系，HP3K 处理的总根尖数和植株 N 吸收总量呈极显著的正相关关系。

6.6　加氧灌溉下紫茄响应研究

6.6.1　紫茄株高、茎粗

图 6-8 为紫茄株高、茎粗三种土壤下收获期 VAI 处理和 HP0030 处理的株高相对于 CK 处理均差异显著（$P < 0.05$），并且郑州黄黏土（YC）中曝气处理相比于对照株高增幅最为显著，而且株高在不同土壤之间差异也具有优势，这说明郑州黄黏土更适合加氧灌溉。

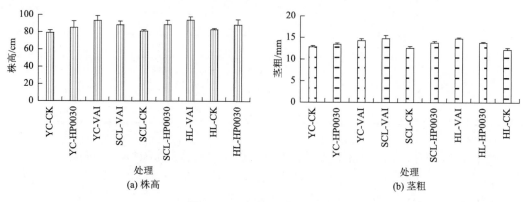

(a) 株高　　　　　　　　　　　　(b) 茎粗

图 6-8　不同处理株高、茎粗

6.6.2　紫茄净光合速率

净光合速率是表征作物通过光合作用产生营养物质的一个非常重要的指标。不同土壤紫茄净光合速率见图 6-9，所测得净光合速率的平均值中，YC-VAI、YC-HP0030、YC-CK 的净光合速率分别是 22.59μmol/(m²·s)、21.85μmol/(m²·s)、20.11μmol/(m²·s)，其中 VAI 处理和 HP0030 处理较 CK 处理分别增加了 12.33%、8.65%。在各个测量的时间中，4 月 10 日、4 月 23 日、4 月 29 日、5 月 14 日、5 月 22 日的 VAI 处理和 HP0030 处理较 CK 处理差异显著。SCL-VAI、SCL-HP0030、SCL-CK 的净光合速率分别是 20.57μmol/(m²·s)、20.57μmol/(m²·s)、19.51μmol/(m²·s)，并且 VAI 处理和 HP0030 处理较 CK 处理均增加了

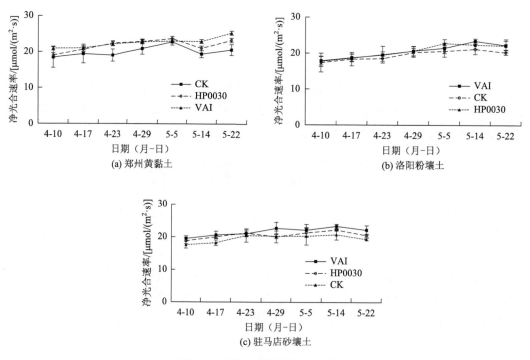

(a) 郑州黄黏土　　　　　　　　　　　(b) 洛阳粉壤土

(c) 驻马店砂壤土

图 6-9　不同土壤紫茄净光合速率

5.43%，在整个测量时间内，4 月 23 日、5 月 5 日、5 月 14 日、5 月 22 日中 VAI 处理和 HP0030 处理较 CK 处理差异显著。HL-VAI、HL-HP0030、HL-CK 处理下的净光合速率分别是 21.67μmol/(m²·s)、20.62μmol/(m²·s)、19.60μmol/(m²·s)，VAI 处理和 HP0030 处理较 CK 处理分别增加了 10.56%、5.20%，并且在测量周期中，4 月 10 日、4 月 17 日、5 月 5 日、5 月 14 日、5 月 22 日的 VAI 处理和 HP0030 处理较 CK 处理具有显著性差异。加氧灌溉明显改善了紫茄的净光合速率。

6.6.3　紫茄蒸腾速率

蒸腾速率反映作物单位时间内蒸发的水量，水量大小是蒸腾作用强弱程度的直观反映，同时也可以表征作物生理活动的强弱。不同土壤条件下紫茄蒸腾速率如图 6-10 所示。

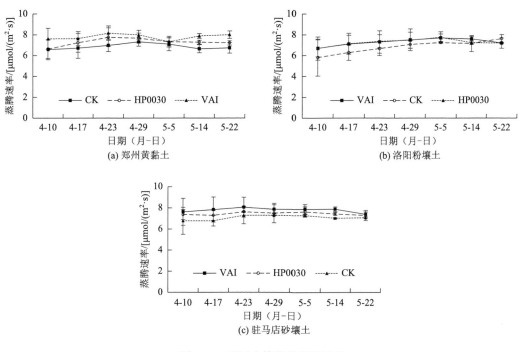

图 6-10　不同土壤紫茄蒸腾速率

盆栽土壤中，郑州黄黏土 VAI、HP0030、CK 的蒸腾速率分别是 7.81μmol/(m²·s)、7.30μmol/(m²·s)、6.86μmol/(m²·s)，其中 VAI 处理和 HP0030 处理较 CK 处理分别增加了 13.85%、6.41%，并且 4 月 17 日、5 月 14 日、5 月 22 日 VAI 处理和 HP0030 处理的蒸腾速率较 CK 差异显著（$P<0.05$）。洛阳粉壤土 VAI、HP0030、CK 处理的蒸腾速率分别是 7.30μmol/(m²·s)、7.26μmol/(m²·s)、6.83μmol/(m²·s)，其中 VAI 处理和 HP0030 处理较 CK 处理分别增加了 6.88%、6.30%，并且 4 月 10 日、4 月 17 日、4 月 23 日 VAI 处理和 HP0030 处理的蒸腾速率较 CK 处理均差异显著（$P<0.05$）。驻马店砂壤土中，VAI、HP0030、CK 处理分别是 7.79μmol/(m²·s)、7.45μmol/(m²·s)、7.08μmol/(m²·s)，VAI 处理和 HP0030

处理较 CK 处理分别增加了 10.03%、5.23%，并且 4 月 10 日、4 月 17 日的 VAI 处理和 HP0030 处理较 CK 处理均差异显著（$P<0.05$）。加氧灌溉显著改善了紫茄的蒸腾速率。

6.6.4　紫茄气孔导度

气孔导度是反映作物气孔开度的一个指标，它可以影响作物其他生理状况，也可以反映作物生理反应的强弱。不同土壤下紫茄气孔导度如图 6-11 所示。盆栽土壤中，郑州黄黏土 VAI、HP0030、CK 处理的气孔导度分别是 0.29μmol/(m²·s)、0.27μmol/(m²·s)、0.25μmol/(m²·s)，并且 VAI 处理和 HP0030 处理较 CK 处理分别增加了 16.00%、8.00%，其中 4 月 29 日 VAI 处理和 HP0030 处理较 CK 处理差异显著（$P<0.05$）。洛阳粉壤土 VAI、HP0030、CK 处理分别是 0.29μmol/(m²·s)、0.28μmol/(m²·s)、0.26μmol/(m²·s)，其中 VAI 处理和 HP0030 处理较 CK 处理分别增加了 11.54%、7.69%，其中 5 月 14 日 VAI 处理和 HP0030 处理较 CK 处理差异显著（$P<0.05$）。驻马店砂壤土中 VAI、HP0030、CK 处理分别是 0.28μmol/(m²·s)、0.28μmol/(m²·s)、0.25μmol/(m²·s)，VAI 处理和 HP0030 处理较 CK 处理均增加了 12%，并且 4 月 10 日、4 月 17 日 VAI 处理和 HP0030 处理较 CK 处理差异显著（$P<0.05$）。加氧灌溉明显改善了紫茄的气孔导度。

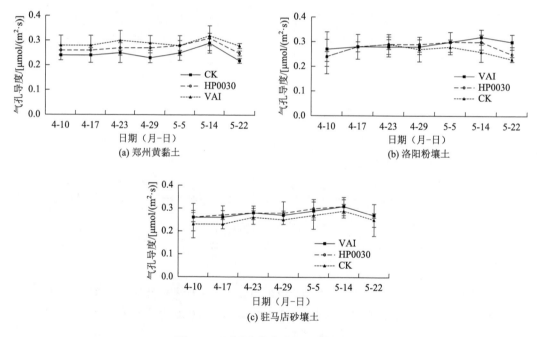

图 6-11　不同土壤紫茄气孔导度动态

6.6.5　紫茄叶片叶绿素

叶绿素是作物进行光合作用必需的物质，对于作物生长发育至关重要，叶绿素含量可以在一定程度上反映作物的生理状况。不同土壤紫茄叶片叶绿素含量动态列于图 6-12。

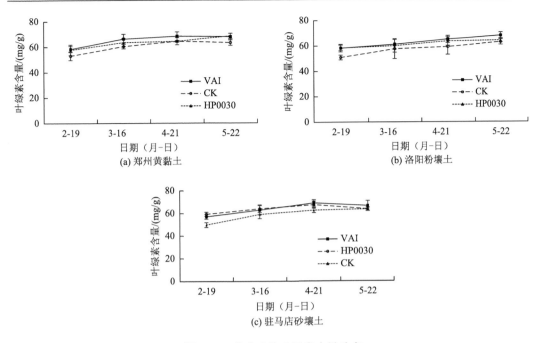

图 6-12　紫茄叶片叶绿素含量动态

　　郑州黄黏土中，VAI、HP0030、CK 处理的叶绿素含量分别是 65.23mg/g、63.53mg/g、60.28mg/g，其中 VAI 处理和 HP0030 处理较 CK 处理分别增加了 8.21%、5.39%。洛阳粉壤土中，VAI、HP0030、CK 处理的叶绿素含量分别是 63.02mg/g、61.47mg/g、57.57mg/g，其中 VAI 处理和 HP0030 处理较 CK 处理分别增加了 9.47%、6.77%。驻马店砂壤中，VAI、HP0030、CK 处理的叶绿素含量分别是 63.77mg/g、63.51mg/g、58.67mg/g，其中 VAI 处理和 HP0030 处理较 CK 处理分别增加了 8.69%、8.25%。加氧灌溉明显提高了作物的叶绿素水平。

6.6.6　紫茄根系指标

　　根系活力是表征作物根系生长状况的一个重要指标。其中，YC-VAI、YC-HP0030、YC-CK 的紫茄根系活力分别是 90.53μg/(g·h)、89.66μg/(g·h)、71.68μg/(g·h)（表 6-22），VAI 处理和 HP0030 处理较 CK 处理分别增加了 26.30%、25.08%，并且 VAI 处理和 HP0030 处理较 CK 处理差异显著（$P<0.05$）。SCL-VAI、SCL-HP0030、SCL-CK 的根系活力分别是 96.28μg/(g·h)、95.26μg/(g·h)、80.51μg/(g·h)，其中 VAI 处理和 HP0030 处理较 CK 处理分别增加了 19.59%、18.32%，并且 VAI 处理和 HP0030 处理较 CK 差异显著（$P<0.05$）。HL-VAI、HL-HP0030、HL-CK 根系活力分别是 96.21μg/(g·h)、86.37μg/(g·h)、72.89μg/(g·h)，VAI 处理和 HP0030 处理较 CK 处理分别增加了 31.99%、18.49%，并且 VAI 处理和 HP0030 处理较 CK 处理差异显著（$P<0.05$）。对于紫茄根系活力，不同土壤的 VAI 处理之间没有显著性差异，VAI 处理和 CK 处理具有显著性差异。加氧灌溉明显提高了紫茄的根系活力。

表 6-22 不同土壤类型下土壤根系指标

处理	根鲜质量/g	根干质量/g	根长度/cm	地上部鲜质量/g	地上部干质量/g	根系活力/[μg/(g·h)]
YC-CK	45.50±3.52c	23.54±2.12c	43.25±4.64c	217.87±22.14c	66.92±5.24c	71.68±14.25c
YC-VAI	70.83±6.32a	31.24±1.25ab	60.78±9.19ab	338.35±23.02bc	79.65±3.78ab	90.53±18.33ab
YC-HP0030	67.58±4.22a	30.15±2.32ab	63.38±15.00a	289.13±21.36bc	93.41±9.47a	89.66±15.33ab
SCL-CK	44.93±4.12c	23.24±1.30c	54.22±5.49b	223.29±24.18c	46.43±4.75c	80.51±9.93c
SCL-VAI	59.27±5.21b	29.65±0.65b	43.33±2.73c	291.80±15.25bc	62.72±5.12b	96.28±9.34a
SCL-HP0030	58.40±5.02b	28.38±2.54b	57.03±3.52ab	258.28±24.01cb	60.25±5.38ab	95.26±6.92ab
HL-CK	49.69±3.54c	25.36±2.11c	49.33±2.78bc	262.82±25.41bc	59.37±5.27c	72.89±7.79c
HL-VAI	67.60±5.78ab	33.08±3.24a	63.84±5.80a	341.61±26.14a	76.52±6.14ab	96.21±12.48ab
HL-HP0030	62.33±4.21ab	30.44±3.15ab	60.24±7.59ab	340.27±19.54a	64.04±6.08ab	86.37±6.36ab

6.6.7 紫茄产量

图 6-13 为不同土壤紫茄产量，郑州黄黏土 VAI、HP0030、CK 处理的紫茄产量分别是 5248.01g、5191.75g、4313.21g，其中 VAI 处理和 HP0030 处理较 CK 处理分别增加了 21.67%、20.37%。加氧灌溉明显提高了紫茄的产量并且差异显著（$P<0.05$）。洛阳粉壤土中，VAI、HP0030、CK 处理的紫茄产量分别是 5121.34g、5176.25g、4337.68g，其中 VAI 处理和 HP0030 处理较 CK 处理分别增加了 18.07%、19.33%，且差异显著（$P<0.05$），加氧灌溉提高了紫茄在洛阳粉壤土中的产量。驻马店砂壤土中，VAI、HP0030、

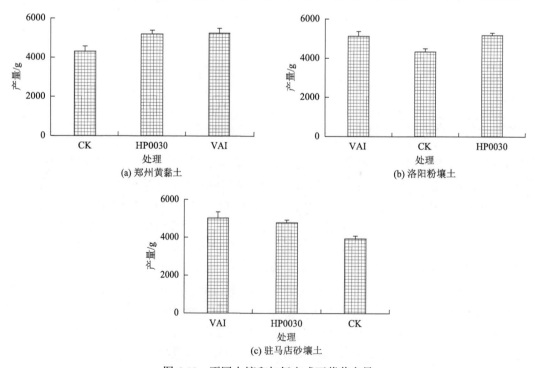

图 6-13 不同土壤和加氧方式下紫茄产量

CK 处理的紫茄产量分别是 5023.51g、4786.05g、3947.05g，其中 VAI 处理和 HP0030 处理较 CK 处理分别增加了 27.27%、21.26%，并且差异显著（$P<0.05$），加氧灌溉显著提高了紫茄在驻马店砂壤土中的产量，并且由于驻马店砂壤土土粒较为黏重，产量增加效果更明显，更能体现加氧处理的作用，表明加氧灌溉显著提高了紫茄的产量。

6.6.8　紫茄植株养分

图 6-14 列出了不同土壤紫茄根、茎、叶的养分含量。盆栽试验中，郑州黄黏土中 VAI 处理和 HP0030 处理下的根、茎、叶氮含量较 CK 处理分别增加了 80.33%、52.14%、63.16% 和 38.52%、19.64%、28.99%。洛阳粉壤土中 VAI 处理和 HP0030 处理下的根、茎、叶氮含量较 CK 处理分别增加了 81.58%、57.46%、72.21% 和 36.84%、29.72%、42.69%。驻马店砂壤土中 VAI 处理和 HP0030 处理下的根、茎、叶氮含量较 CK 处理分别增加了 113.08%、64.81%、42.21% 和 41.12%、35.33%、10.50%。可以看出，相对于对照处理，加氧灌溉促进紫茄中的氮元素向地上部转移，VAI 处理的氮含量茎部和叶部的最大，根部的最小，而 CK 处理的茎部氮含量相对于其他部分含量较大（除 HL-CK 处理外），不过比 VAI 处理明显偏小。

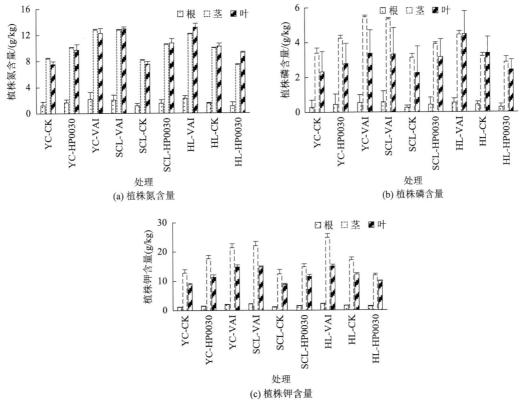

图 6-14　不同土壤紫茄根、茎、叶养分含量

和氮含量在不同地方分布不同，不同处理的磷含量也有较大的差别。盆栽试验中，郑州黄黏土中，VAI 处理和 HP0030 处理根、茎、叶磷含量较 CK 处理分别增加了 89.66%、

61.06%、45.26%和51.72%、25.07%、19.83%。洛阳粉壤土中，VAI 处理和 HP0030 处理根、茎、叶磷含量较 CK 处理分别增加了 126.92%、70.29%、47.56%和61.54%、24.92%、40.44%。驻马店砂壤土中，VAI 处理和 HP0030 处理根、茎、叶磷含量较 CK 处理分别增加了 96.43%、55.59%、84.30%和50.00%、12.24%、39.67%。

　　和磷含量分布不同，不同处理的钾含量也有较大的差别。盆栽试验中，郑州黄黏土中，VAI 处理和 HP0030 处理根、茎、叶钾含量较 CK 处理分别增加了 69.30%、66.88%、66.86%和26.32%、37.73%、28.05%。洛阳粉壤土中，VAI 和 HP0030 处理根、茎、叶部位钾含量较 CK 处理分别增加了 86.96%、77.44%、67.76%和37.39%、19.26%、30.31%。驻马店砂壤土中，VAI 处理和 HP0030 处理根、茎、叶钾含量分别较 CK 处理增加了 76.00%、109.98%、50.65%和24.00%、44.33%、22.26%。

6.6.9　紫茄养分吸收效率

　　图 6-15 为不同土壤条件下不同处理的作物养分（氮、磷、钾）吸收效率。

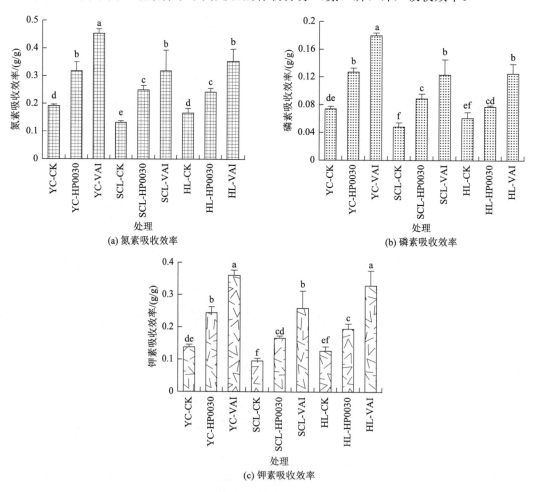

图 6-15　不同处理下作物养分吸收效率

由图 6-15 可知，与 CK 处理相比，加氧处理作物养分吸收效率较 CK 处理显著提高（$P<0.05$）。其中，YC-VAI 与 YC-HP0030 处理作物氮素吸收效率分别提高 136.16% 和 65.43%，SCL-VAI 和 SCL-HP0030 处理作物氮素吸收效率分别提高 141.23% 和 88.76%，HL-VAI 与 HL-HP0030 处理作物氮素吸收效率分别提高 112.60% 和 45.47%。与 CK 处理相比，YC-VAI 和 YC-HP0030 处理作物磷素吸收效率分别提高 142.71% 和 71.85%，SCL-VAI 与 SCL-HP0030 处理作物磷素吸收效率分别提高 154.74% 与 83.66%，HL-VAI 与 HL-HP0030 处理作物磷素吸收效率分别提高 105.46% 和 26.74%。同时，YC-VAI 与 YC-HP0030 处理作物钾素吸收效率分别提高 162.59% 和 78.17%，SCL-VAI 与 SCL-HP0030 处理作物钾素吸收效率分别提高 172.42% 和 74.82%，HL-VAI 与 HL-HP0030 处理作物钾素吸收效率分别提高 160.41% 与 54.40%。

6.6.10　小结

（1）不同土壤条件下紫茄生长指标，如株高、茎粗在加氧处理下都明显高于对照处理，不同土壤同种处理之间没有显著性差异，加氧灌溉有利于紫茄的生长。不同土壤条件下紫茄的根系指标，如根长度、根鲜质量、根干质量、根系活力等的比较分析结果表明，加氧处理下作物根系指标基本上高于对照处理，说明加氧灌溉改善了根系缺氧环境，相比于对照处理，根系生长加快，有利于根系吸收水分和养分，促进作物生长。

（2）不同土壤条件下加氧处理紫茄的净光合速率、蒸腾速率、气孔导度、叶绿素含量明显高于对照处理，不同土壤之间没有显著性差异，说明加氧灌溉促进作物进行生理活动，有利于积累营养物质。不同土壤条件下，加氧处理紫茄产量均明显高于对照处理，并且差异显著（$P<0.05$），不同土壤之间没有显著性差异，说明加氧处理可以显著提高紫茄产量。

（3）与 CK 处理相比，加氧灌溉和化学加氧滴灌显著提高作物养分吸收效率（$P<0.05$）。作物氮素吸收效率中，郑州黄黏土分别提高了 136.16% 和 65.43%，洛阳粉壤土分别提高了 141.23% 和 88.76%，驻马店砂壤土分别提高了 112.60% 和 45.47%；作物磷素吸收效率中，郑州黄黏土分别提高了 142.71% 和 71.85%，洛阳粉壤土分别提高了 154.74% 与 83.66%，驻马店砂壤土分别提高了 105.46% 和 26.74%。作物钾素吸收效率中，郑州黄黏土分别提高了 162.59% 和 78.17%，洛阳粉壤土分别提高了 172.42% 和 74.82%，驻马店砂壤土分别提高了 160.41% 与 54.40%。

6.7　加氧灌溉下盆栽番茄响应研究

6.7.1　盆栽番茄净光合速率、蒸腾速率和气孔导度

开花坐果期、果实膨大期和成熟期的盆栽番茄净光合速率、气孔导度和蒸腾速率测定结果列于表 6-23。W_2A 处理的净光合速率较对照组有显著提高，3 个时期 W_2A 的净光合

速率分别增大了 14.51%、21.72%和 13.76%（$P<0.05$）；W_1A 仅果实膨大期增大了 55.26%（$P<0.05$），其余时期无显著差异。气孔导度和蒸腾速率也受到加氧处理的影响，开花坐果期 W_1A 的气孔导度和蒸腾速率较 W_1C 处理分别增大了 10.91%和 11.64%（$P<0.05$），W_2A 的蒸腾速率较 W_2C 增大了 31.98%（$P<0.05$）；果实膨大期 W_1A 的蒸腾速率较 W_1C 增大了 52.92%（$P<0.05$）。

灌水量的增加对作物净光合速率、气孔导度和蒸腾速率也有一定的改善作用。果实膨大期 W_2A 和 W_2C 处理的净光合速率较 W_1A 和 W_1C 分别增大了 33.96%和 70.87%（$P<0.05$），气孔导度分别增大了 76.92%和 206.25%（$P<0.05$），蒸腾速率分别增大了 20.87%和 78.21%（$P<0.05$）。

表 6-23　不同时期盆栽番茄生物指标

生理指标	处理	开花坐果期	果实膨大期	成熟期
净光合速率/[μmol/(m²·s)]	W_1C	23.45±2.05bc	11.02±0.31c	17.7±0.39c
	W_1A	25.17±1.46ac	17.11±0.80b	17.01±0.25c
	W_2C	22.53±0.76b	18.83±0.98b	19.91±1.26b
	W_2A	25.80±0.63a	22.92±1.29a	22.65±1.41a
气孔导度/[μmol/(m²·s)]	W_1C	0.55±0.04b	0.16±0.06b	0.37±0.05a
	W_1A	0.61±0.04a	0.26±0.12b	0.34±0.07a
	W_2C	0.52±0.04b	0.49±0.02a	0.40±0.06a
	W_2A	0.57±0.02ab	0.46±0.09a	0.38±0.05a
蒸腾速率/[μmol/(m²·s)]	W_1C	5.67±0.23b	2.57±0.49c	3.61±0.18a
	W_1A	6.33±0.50a	3.93±0.47b	3.39±0.31a
	W_2C	5.19±0.38b	4.58±0.12a	3.58±0.24a
	W_2A	6.85±0.26a	4.75±0.14a	3.69±0.14a

6.7.2　盆栽番茄生物量

不同处理对作物生物量的影响见表 6-24。结果表明，加氧可显著提高盆栽番茄的生物量。W_2A 的地上部鲜质量、地上部干质量、地下部鲜质量和地下部干质量较对照分别增大了 68.14%、22.88%、55.18%和 39.53%（$P<0.05$）；W_1A 的地上部鲜质量、地下部鲜质量和地下部干质量分别增大了 9.88%、45.37%和 41.90%（$P<0.05$）。除对照处理地上部生物量外，灌水量的增加可显著增加盆栽番茄的生物量。加氧处理下，W_2A 的地上部鲜质量、地上部干质量、地下部鲜质量和地下部干质量较 W_1A 分别增大了 46.38%、18.53%、23.57%和 18.11%（$P<0.05$）；常规灌溉下，W_2C 的地下部鲜质量和地下部干质量较 W_1C 增大了 15.76%和 20.11%（$P<0.05$），地上部生物量无显著差异。

表 6-24　不同处理盆栽番茄生物量

处理	地上部		地下部	
	鲜质量/(g/pot)	干质量/(g/pot)	鲜质量/(g/pot)	干质量/(g/pot)
W_1C	895.18±25.27c	44.72±0.92b	29.51±2.61d	3.58±0.15d
W_1A	983.65±61.30b	44.91±1.17b	42.90±2.23b	5.08±0.13b
W_2C	856.35±53.24c	43.32±0.50b	34.16±2.07c	4.30±0.19c
W_2A	1439.83±32.53a	53.23±1.47a	53.01±2.25a	6.00±0.13a

6.7.3　盆栽番茄产量和品质

盆栽番茄的产量、水分利用效率和果实品质列于表 6-25。与对照相比，W_2A 的产量增大了 66.40%（$P<0.05$），W_2A 和 W_1A 的水分利用效率分别提高了 66.38% 和 13.56%（$P<0.05$）。常规滴灌低灌水量有较高的水分利用效率，W_1C 的水分利用效率较 W_2C 增大了 63.88%（$P<0.05$）。

表 6-25　不同处理番茄产量、水分利用效率和果实品质

处理	产量/(g/pot)	水分利用效率/(kg/m³)	可溶性固形物/%	VC 含量/(10⁻²mg/g)	总酸含量/%	可溶性蛋白质含量/(mg/g)
W_1C	498.17±10.85b	24.86±0.54b	4.73±0.80b	8.86±0.34c	0.35±0.047b	0.13±0.029b
W_1A	565.70±45.33b	28.23±2.26a	6.79±1.86a	11.49±1.10b	0.60±0.077a	0.12±0.033b
W_2C	505.11±28.27b	15.17±0.85c	4.81±0.74b	11.40±0.77b	0.38±0.052b	0.11±0.022b
W_2A	840.52±78.7a	25.24±2.36ab	7.30±1.28a	13.71±1.66a	0.59±0.099a	0.18±0.036a

加氧处理可显著改善盆栽番茄品质。W_2A 的可溶性固形物、VC 含量、总酸含量和可溶性蛋白质含量较对照分别增加了 51.77%、20.26%、55.26% 和 63.64%（$P<0.05$），W_1A 的可溶性固形物、VC 含量和总酸含量较对照增大了 43.55%、29.68% 和 71.43%（$P<0.05$）。加氧条件下，高灌水量处理的 VC 含量和可溶性蛋白质含量有所提高，W_2A 较 W_1A 分别增大了 19.32% 和 50.00%（$P<0.05$）。

6.7.4　盆栽番茄养分吸收利用

盆栽番茄植株不同部分的养分吸收量和整个植株的养分吸收效率列于表 6-26。

表 6-26　温室番茄植株以及不同部位的养分吸收

养分	处理	养分吸收量/(g/pot)			养分吸收效率/(g/g)
		根	茎	叶	
N	W_1C	0.17±0.010bc	0.63±0.031b	2.21±0.046b	0.40±0.0049b
	W_1A	0.22±0.029b	0.70±0.046b	2.28±0.16b	0.43±0.026b

续表

养分	处理	养分吸收量/(g/pot)			养分吸收效率/(g/g)
		根	茎	叶	
N	W_2C	0.17 ± 0.0036bc	0.69 ± 0.073b	2.28 ± 0.100b	0.42 ± 0.018b
	W_2A	0.26 ± 0.015a	0.98 ± 0.14a	2.83 ± 0.14a	0.54 ± 0.012a
P	W_1C	0.026 ± 0.0049b	0.24 ± 0.041c	0.038 ± 0.0075a	0.040 ± 0.0047c
	W_1A	0.035 ± 0.0077b	0.29 ± 0.022b	0.033 ± 0.0040a	0.048 ± 0.0022b
	W_2C	0.027 ± 0.0039b	0.25 ± 0.010bc	0.034 ± 0.0085a	0.042 ± 0.0016c
	W_2A	0.047 ± 0.0058a	0.34 ± 0.0091a	0.039 ± 0.0061a	0.057 ± 0.0011a
K	W_1C	0.23 ± 0.022c	1.23 ± 0.131b	1.36 ± 0.082d	0.19 ± 0.0081c
	W_1A	0.30 ± 0.024b	1.30 ± 0.127b	1.70 ± 0.087b	0.22 ± 0.0036b
	W_2C	0.23 ± 0.0094c	1.29 ± 0.129b	1.56 ± 0.073c	0.21 ± 0.012b
	W_2A	0.36 ± 0.0044a	1.82 ± 0.046a	1.91 ± 0.099a	0.27 ± 0.0041a

与对照相比，W_2A 的根、茎和叶 N 素吸收量分别增大了 52.94%、42.03%和 24.12%（$P<0.05$）；W_2A 和 W_1A 的茎 P 素吸收量分别提高了 36.00%和 20.83%（$P<0.05$），W_2A 的根 P 素吸收量提高了 74.07%（$P<0.05$）；W_2A 和 W_1A 的根 K 素吸收量分别提高了 56.52%和 30.43%（$P<0.05$），叶 K 素吸收量分别提高了 22.44%和 25.00%（$P<0.05$），W_2A 的茎 K 素吸收量提高了 41.09%（$P<0.05$）。加氧条件下，高灌水量处理养分吸收量较多。与 W_1A 相比，W_2A 的根、茎和叶 N 素吸收量分别增大了 18.18%、40.00%和 24.12%（$P<0.05$），根和茎 P 素吸收量分别增大了 34.29%和 17.24%（$P<0.05$），根、茎和叶 K 素吸收量分别增大了 20.00%、40.00%和 12.35%（$P<0.05$）。在常规灌溉条件下，W_2C 的叶 K 素吸收量较 W_1C 增大了 14.71%（$P<0.05$），其余无显著性差异（$P>0.05$）。

与 W_2C 相比，W_2A 处理 N、P、K 素吸收效率分别提高了 28.57%、35.71%、28.57%（$P<0.05$）；W_1A 处理 P、K 素吸收效率较 W_1C 分别提高了 20.00%和 15.79%（$P<0.05$）。高灌水量加氧处理促进了作物养分吸收，W_2A 处理 N、P、K 素吸收效率较 W_1A 分别提高了 25.58%、18.75%、22.73%（$P<0.05$）。

6.7.5　土壤通气性和番茄生理指标的相关关系分析

由前文得知，灌水后第 2d 的土壤通气性改善最为明显，将灌水第 2d 上午的土壤通气性指标和同期的光合作用指标进行相关关系分析，列于表 6-27。

表 6-27　充气孔隙度（F）、溶解氧浓度（DO）、氧气扩散速率（ODR）、氧化还原电位（E_h）、土壤呼吸速率（R_s）与生理指标的相关关系

处理	因子	净光合速率	蒸腾速率	气孔导度
W_1C	F	0.20	0.13	0.06
	DO	0.07	0.33	0.19

续表

处理	因子	净光合速率	蒸腾速率	气孔导度
W$_1$C	ODR	−0.02	0.19	0.15
	Eh	0.03	0.31	0.20
	Rs	−0.34	−0.31	−0.21
W$_1$A	F	0.42	0.53	0.56
	DO	0.23	0.69*	0.53
	ODR	0.23	0.74*	0.61
	Eh	0.08	0.31	0.16
	Rs	−0.51	−0.86**	−0.92**
W$_2$C	F	0.09	0.05	−0.04
	DO	0.22	0.37	0.13
	ODR	−0.14	−0.02	−0.24
	Eh	−0.03	0.07	−0.10
	Rs	−0.77*	−0.72*	−0.80**
W$_2$A	F	0.24	0.12	0.09
	DO	0.52	0.64	0.46
	ODR	0.60	0.82**	0.85**
	Eh	0.34	0.40	0.10
	Rs	−0.20	−0.33	−0.61

净光合速率受光照强度等因素的影响较大，和土壤通气性指标的相关关系几乎不显著（$P>0.05$）。蒸腾速率受加氧处理的影响较大，W$_1$A 处理的溶解氧、氧气扩散速率和蒸腾速率呈显著的正相关关系（$P<0.05$）；W$_2$A 处理的氧气扩散速率和蒸腾速率呈极显著的正相关关系（$P<0.01$）。W$_1$A 和 W$_2$C 处理的气孔导度和土壤呼吸速率呈极显著的负相关关系（$P<0.01$）；W$_2$A 处理的氧气扩散速率和气孔导度呈极显著的正相关关系（$P<0.01$）。

6.7.6　土壤通气性和番茄产量、品质及植株养分吸收效率的相关分析

表 6-28 给出了土壤通气性和番茄产量、品质和植株养分吸收效率的关系。

表 6-28　充气孔隙度（F）、溶解氧浓度（DO）、氧气扩散速率（ODR）、氧化还原电位（Eh）、
土壤呼吸速率（Rs）与番茄产量、品质、植株养分吸收效率之间的相关关系

因子	产量	可溶性固形物	VC	总酸含量	可溶性蛋白质含量	氮吸收效率	磷吸收效率	钾吸收效率
F	−0.35	0.20	−0.29	0.18	0.03	−0.39	−0.17	−0.33
DO	0.75**	0.51	0.37	0.58*	0.06	0.62*	0.67*	0.64*
ODR	0.55	0.67*	0.35	0.72**	0.09	0.45	0.67*	0.53
Eh	0.81**	0.52	0.42	0.56	0.12	0.69*	0.73**	0.72**
Rs	0.70*	0.60*	0.42	0.78**	0.13	0.60*	0.67*	0.63*

由表 6-28 可知，作物产量与 DO 和 Eh 呈极显著正相关（$P<0.01$），与 Rs 呈显著正相关（$P<0.05$）；可溶性固形物与 ODR 和 Rs 呈显著正相关（$P<0.05$），总酸含量与 DO 呈显著正相关（$P<0.05$），与 ODR 和 Rs 呈极显著正相关（$P<0.01$）。DO 与 Rs 和养分吸收效率呈显著的正相关（$P<0.05$）；ODR 和磷吸收效率呈显著正相关（$P<0.05$）；Eh 和氮吸收效率呈显著正相关（$P<0.05$），与磷、钾吸收效率呈极显著正相关（$P<0.01$）。

6.7.7　小结

该部分以温室番茄为供试作物，研究了不同灌水量和加氧量条件下作物生长生理动态与土壤通气状况，探究了土壤通气性与作物生长之间的关系，结论如下：

（1）总体而言，加氧灌溉促进了番茄生物量积累和养分吸收利用，增强了植物的光合作用，表现为产量提高和品质改善。与 W_2C 相比，W_2A 处理的生理指标有显著提高，产量增大了 66.40%（$P<0.05$），可溶性固形物和 VC 含量分别增加了 51.77% 和 20.26%（$P<0.05$）。1.0 倍作物–蒸发皿系数的加氧处理在改善土壤通气性、促进番茄生长、提高番茄产量方面的效果更为明显。

（2）土壤通气性的改善和作物提质增产存在直接相关关系。各处理的产量、总酸含量与溶解氧浓度、土壤呼吸速率等呈显著正相关（表 6-28）。

6.8　加氧灌溉下微区番茄响应研究

6.8.1　微区番茄净光合速率

不同施肥量、加氧量和灌水量下温室微区番茄开花坐果期、果实膨大期和成熟期的叶片净光合速率测定结果列于表 6-29。

表 6-29　不同生育期微区番茄光合速率　　　　[单位：$\mu mol/(m^2 \cdot s)$]

处理	开花坐果期	果实膨大期	成熟期
N_1W_1C	14.56±0.41e	14.25±1.19d	14.18±0.63d
N_1W_1A	16.05±0.69cde	15.52±0.79bcd	17.1±0.42c
N_1W_2C	15.89±0.58de	14.92±0.62cd	17.37±0.84c
N_1W_2A	18.96±0.81ab	17.11±0.4abc	20.39±0.58b
N_2W_1C	17.72±1.89bcd	17.66±0.95ab	17.27±0.96c
N_2W_1A	18.44±0.86abcd	18±1.55ab	19.69±0.25b
N_2W_2C	18.66±0.49abc	18.39±1.14a	20.01±0.84b
N_2W_2A	20.74±0.89a	19.57±0.47a	22.7±0.58a
F 值			
施肥量 N	43.936**	56.682**	82.518**
加氧量 O	23.331**	10.05**	89.389**

续表

处理	开花坐果期	果实膨大期	成熟期
灌水量 W	24.184**	8.451**	109.493**
N×O	1.344^{ns}	1.525^{ns}	0.508^{ns}
N×W	0.436^{ns}	0^{ns}	0.393^{ns}
O×W	3.74^{ns}	1.255^{ns}	0.098^{ns}
N×O×W	0.021^{ns}	0.002^{ns}	0.022^{ns}

注：开花坐果期取移栽后第 42d，果实膨大期取移栽后第 62d，成熟期取移栽后第 82d；ns 表示 $P<0.05$ 水平不存在显著性差异，下同。

加氧灌溉对温室微区番茄光合作用的影响在成熟期比较显著，加氧量、灌水量和施肥量对净光合速率均能产生显著的影响（$P<0.05$）。在成熟期，各处理的净光合速率为 N_2W_2A 最大、N_1W_1C 最小。N_1W_1A、N_1W_2A、N_2W_1A 和 N_2W_2A 的净光合速率较对照分别增大了 20.59%、17.39%、14.01%和 13.44%；N_1W_2C、N_1W_2A、N_2W_2C 和 N_2W_2A 较 W_1 处理分别增大了 22.50%、19.24%、15.87%和 15.29%；N_2W_1C、N_2W_1A、N_2W_2C 和 N_2W_2A 较 N_1 处理分别增大了 21.79%、15.15%、15.20%和 11.33%。单因素中，施肥量、灌水量和加氧量对开花坐果期、果实膨大期和成熟期的净光合速率均有极显著的影响。两因素交互作用和三因素交互作用对净光合速率的影响均不显著。

6.8.2　微区番茄蒸腾速率

温室微区番茄开花坐果期、果实膨大期和成熟期蒸腾速率测定结果列于表 6-30。

表 6-30　不同生育期微区番茄蒸腾速率　　　　[单位：$\mu mol/(m^2 \cdot s)$]

处理	开花坐果期	果实膨大期	成熟期
N_1W_1C	4.41±0.16c	5±0.29e	4.22±0.27e
N_1W_1A	4.42±0.24c	5.55±0.35cd	4.8±0.07cd
N_1W_2C	4.85±0.21bc	5.5±0.17de	4.55±0.07de
N_1W_2A	4.92±0.12bc	6.21±0.04ab	5.15±0.04c
N_2W_1C	5.2±0.34ab	6.05±0.1bc	5±0.1c
N_2W_1A	5.4±0.12ab	6.38±0.05ab	5.35±0.1ab
N_2W_2C	5.36±0.14ab	6.19±0.14b	5.4±0.07ab
N_2W_2A	5.57±0.16a	6.64±0.08a	5.72±0.04a
F 值			
施肥量 N	82.421**	98.206**	139.598**
加氧量 O	2.156^{ns}	45.114**	62.118**
灌水量 W	15.602**	26.103**	38.791**
N×O	1.027^{ns}	2.514^{ns}	4.88*
N×W	3.542^{ns}	6.193*	0.171^{ns}
O×W	0.052^{ns}	0.855^{ns}	0.002^{ns}
N×O×W	0.021^{ns}	0.024^{ns}	0.025^{ns}

由表 6-30 可知，加氧灌溉对温室微区番茄蒸腾速率的影响在果实膨大期比较显著，加氧量和施肥量对蒸腾速率能产生显著的影响（$P < 0.05$）。在果实膨大期和成熟期，各处理的蒸腾速率均为 N_2W_2A 最大，N_1W_1C 最小。在果实膨大期，N_1W_1A、N_1W_2A 和 N_2W_2A 的蒸腾速率较对照分别增大了 11.0%、12.91%和7.27%；N_1W_2A 较 W_1 处理增大了 11.89%；N_2W_1C、N_2W_1A 和 N_2W_2C 较 N_1 处理分别增大了 21.00%、14.96%和12.55%。在成熟期，N_1W_1A、N_1W_2A 和 N_2W_1A 的蒸腾速率较对照分别增大了 13.74%、13.19%和7.00%，N_2W_1C、N_2W_1A、N_2W_2C 和 N_2W_2A 较 N_1 分别增大了 18.48%、11.46%、18.68%和11.07%。单因素中，施肥量和灌水量对开花坐果期、果实膨大期和成熟期的蒸腾速率均有极显著的影响，加氧量对果实膨大期和成熟期的蒸腾速率均有极显著的影响。施肥量和加氧量两因素交互作用对成熟期的蒸腾速率有显著的影响，施肥量和灌水量两因素交互作用对果实膨大期的蒸腾速率有显著的影响。

6.8.3 微区番茄气孔导度

温室微区番茄开花坐果期、果实膨大期和成熟期的气孔导度测定结果列于表 6-31。

表 6-31 不同生育期微区番茄气孔导度　　[单位：$\mu mol/(m^2 \cdot s)$]

处理	开花坐果期	果实膨大期	成熟期
N_1W_1C	0.44±0.03d	0.38±0.03e	0.44±0.01d
N_1W_1A	0.44±0.03d	0.42±0.01de	0.48±0.03cd
N_1W_2C	0.47±0.02cd	0.47±0.01c	0.43±0.03d
N_1W_2A	0.51±0.02abc	0.52±0.01ab	0.52±0.03abc
N_2W_1C	0.48±0.01bcd	0.46±0.02cd	0.48±0.01cd
N_2W_1A	0.49±0.01bc	0.48±0.01bc	0.54±0.01ab
N_2W_2C	0.52±0.01b	0.52±0.02b	0.5±0.01bc
N_2W_2A	0.55±0.02a	0.55±0.01a	0.56±0.01a
F 值			
施肥量 N	45.761**	85.412**	42.223**
加氧量 O	8.803**	41.49**	53.628**
灌水量 W	49.028**	165.961**	4.691*
N×O	0.014ns	1.961ns	0.011ns
N×W	0.014ns	5.02*	0.011ns
O×W	7.451*	1.255ns	1.798ns
N×O×W	0.352ns	0ns	2.394ns

加氧灌溉在三个生育期对温室番茄气孔导度均有一定影响，三个生育期中气孔导度均为 N_2W_2A 处理最高。在开花坐果期，N_1W_2A 和 N_2W_2A 较 W_1 处理分别增加了 15.91%和12.24%，N_2W_1A 和 N_2W_2C 较 N_1 处理增加了 11.36%和10.64%（$P < 0.05$）。在果实膨

大期，N_1W_2C、N_1W_2A、N_2W_2C 和 N_2W_2A 较 W_1 处理分别增大了 23.68%、23.81%、13.04% 和 14.58%，N_2W_1C、N_2W_1A 和 N_2W_2C 较 N_1 处理分别增大了 21.05%、14.29%和10.64% （$P<0.05$）。在成熟期，加氧处理的效果更为明显，N_1W_2A、N_2W_1A 和 N_2W_2A 的气孔导度较对照分别增大了 20.93%、12.50%和12.00%，N_2W_1A 和 N_2W_2C 较 N_1 处理分别增大了 12.50%和16.28%（$P<0.05$），灌水量无显著影响。

单因素中，施肥量、加氧量和灌水量对开花坐果期、果实膨大期和成熟期的气孔导度有显著影响。施肥量和灌水量两因素交互作用对果实膨大期的气孔导度有显著影响，加氧量和灌水量两因素交互作用对开花坐果期的气孔导度有显著影响。

6.8.4　微区番茄生物量积累

不同加氧量和灌水量对温室微区番茄地上、地下部生物量的影响见表 6-32。

表 6-32　不同处理微区番茄生物量和根系活力

处理	地上部		地下部			
	鲜质量/(g/plant)	干质量/(g/plant)	根长/cm	鲜质量/(g/plant)	干质量/(g/plant)	根系活力/[mg TTF/(g·h)]
N_1W_1C	1380.16±1.43g	137.5±4.63e	34.44±1.81f	24.87±1.67d	2.7±0.043g	0.20±0.022c
N_1W_1A	1827.13±9.6e	173.97±5.62d	48.96±2.99cd	33.52±1.81c	3.46±0.043f	0.20±0.027c
N_1W_2C	1917.1±26.43de	169.33±2.3d	43.42±2.14e	31.16±1.83c	4.38±0.031d	0.21±0.038c
N_1W_2A	2542.6±39.48b	215.53±4.27b	56.15±2.53b	44.4±1.23a	4.96±0.096b	0.26±0.028ab
N_2W_1C	1659.49±32.17f	166.97±5.41d	41.33±1.16e	30.71±1.37c	3.3±0.053f	0.23±0.011bc
N_2W_1A	1999.4±31.81d	195.35±5.04c	53.11±2.56bc	37.73±1.26b	3.82±0.089e	0.25±0.012bc
N_2W_2C	2192.71±16.14c	198.28±2.4c	46.77±2.18de	37.96±2.04b	4.74±0.075c	0.26±0.016b
N_2W_2A	2785.48±79.96a	240.04±7a	62.73±2.64a	47.96±2.04a	5.45±0.095a	0.29±0.015a
F 值						
施肥量 N	164.189[**]	69.715[**]	10.976[**]	40.741[**]	151.06[**]	9.998[**]
加氧量 O	782.948[**]	194.389[**]	126.498[**]	95.165[**]	268.795[**]	3.284[**]
灌水量 W	1373.976[**]	194.863[**]	50.431[**]	66.28[**]	1741.786[**]	4.179[ns]
N×O	3.657[ns]	0.14[ns]	0.548[ns]	4.336[ns]	3.265[ns]	0.003[ns]
N×W	0.092[ns]	0.132[ns]	0.742[ns]	0.53[ns]	0.418[ns]	0.032[ns]
O×W	24.827[**]	1.523[ns]	0[ns]	5.364[*]	0.004[ns]	1.805[ns]
N×O×W	0.518[ns]	0.001[ns]	4.833[ns]	0.691[ns]	1.975[ns]	0.411[ns]

在温室微区环境下，加氧灌溉对番茄生物量积累和根系指标有显著的改善，各指标均表现出 N_1W_2A 和 N_2W_2A 较大，N_1W_1C 最小的情形。

番茄的生物量积累受到加氧处理显著改善，N_1W_1A、N_1W_2A、N_2W_1A 和 N_2W_2A 的地上部鲜质量较对照分别增加了 32.39%、32.63%、20.48%和27.03%，地上部干质量较对照分别增加了 26.52%、27.28%、17.00%和 21.06%，地下部鲜质量分别增加了 34.78%、42.49%、22.86%和 26.34%，地下部干质量分别增加了 28.15%、13.24%、15.76%和 14.98%（$P<0.05$）；灌水量对番茄生物量也有一定的影响，N_1W_2C、N_1W_2A、N_2W_2C 和 N_2W_2A 的地上部鲜质量较 W_1 处理分别增加了 38.90%、39.16%、32.13%和 39.32%，地上部干质量分别增加了 23.15%、23.89%、18.75%和 22.88%，地下部鲜质量分别增加了 25.29%、32.46%、23.61%和 27.11%，地下部干质量分别增加了 62.22%、43.35%、43.64%和 42.67%（$P<0.05$）；施肥量对番茄生物量的影响体现在地上、地下部生物量的增加，N_2W_1C、N_2W_1A、N_2W_2C 和 N_2W_2A 的地上部鲜质量较 N_1 处理分别增加了 20.24%、9.43%、14.38%和 9.55%，地上部干质量分别增加了 21.43%、12.29%、17.10%和 11.37%，地下部干质量分别增加了 22.22%、10.40%、8.22%和 9.88%，N_2W_1C、N_2W_1A 和 N_2W_2C 的地下部鲜质量分别增加了 23.48%、12.56%和 21.82%（$P<0.05$）。加氧灌溉对番茄的根系活力和根长也有一定的改善效果，N_1W_1A、N_1W_2A、N_2W_1A 和 N_2W_2A 的根长分别增加了 42.16%、29.32%、28.50%和 34.12%，N_1W_2C、N_1W_2A 和 N_2W_2A 的根长较 W_1 处理分别增加了 26.07%、14.69%和 18.11%，N_1W_2A 和 N_2W_2A 的根系活力较对照分别增加了 23.81%和 11.54%，较 W_1 处理分别增加了 30%和 16%（$P<0.05$）。

单因素中，除了灌水量对根系活力的影响不显著外，施肥量、加氧量和灌水量单因素对地上部鲜质量、地上部干质量、地下部鲜质量、地下部干质量、根长均有极显著影响。加氧量和灌水量两因素交互作用对地上部鲜质量有极显著影响，对地下部鲜质量有显著影响。

6.8.5　微区番茄产量及品质

不同施肥量、加氧量和灌水量对温室微区番茄产量及品质的影响见表 6-33。

表 6-33　微区番茄产量及品质

处理	产量/(g/plant)	水分利用效率/(kg/m³)	VC 含量/(10^{-2}mg/g)	总酸含量/%	可溶性蛋白质含量/(mg/g)
N_1W_1C	667.96±18.712g	22.087±2.878de	8.303±0.178e	0.861±0.104a	1.703±0.041e
N_1W_1A	969.89±10.007e	30.288±0.612ab	8.196±0.088e	0.762±0.103ab	2.06±0.096cd
N_1W_2C	960.963±31.359e	20.156±0.851e	10.618±0.151bc	0.7±0.066abc	2.011±0.07cd
N_1W_2A	1344.643±24.751b	27.291±0.982bc	11.649±1.213ab	0.699±0.028abc	2.589±0.135ab
N_2W_1C	828.41±15.372f	26.199±1.2c	8.575±0.149de	0.7±0.006abc	1.839±0.054de
N_2W_1A	1071.953±10.524d	32.74±0.894a	9.729±0.1cd	0.612±0.032bc	2.144±0.107c
N_2W_2C	1155.987±32.072c	24.144±0.807cd	10.885±0.483bc	0.585±0.002c	2.414±0.111b
N_2W_2A	1485.213±51.052a	30.134±1.32ab	12.196±0.108a	0.556±0.026c	2.675±0.066a
F 值					
施肥量 N	113.154**	153.523**	6.438*	31.641**	23.061**
加氧量 O	558.386**	728.755**	23.354**	4.592*	103.833**

续表

处理	产量/(g/plant)	水分利用效率/(kg/m³)	VC 含量/(10^{-2}mg/g)	总酸含量/%	可溶性蛋白质含量/(mg/g)
灌水量 W	699.605**	34.185**	187.45**	15.085**	173.68**
N×O	3.074^{ns}	4.979*	1.172^{ns}	0.004^{ns}	6.24*
N×W	0.178^{ns}	4.047^{ns}	3.173^{ns}	0.363^{ns}	3.29^{ns}
O×W	10.028**	3.365^{ns}	4.386^{ns}	2.372^{ns}	1.414^{ns}
N×O×W	0.549^{ns}	1.623^{ns}	3.224^{ns}	0.161^{ns}	3.224^{ns}

温室微区条件下，番茄的产量受加氧灌溉的影响比较显著（$P < 0.05$）。N_1W_1A、N_1W_2A、N_2W_1A 和 N_2W_2A 的产量较对照分别增加了 45.20%、39.93%、29.40%和28.48%，水分利用效率分别增加了 37.13%、35.40%、24.97%和24.81%；N_1W_2C、N_1W_2A、N_2W_2C 和 N_2W_2A 的产量较 W_1 处理增加了 43.87%、38.64%、39.54%和38.55%；N_2W_1C、N_2W_1A、N_2W_2C 和 N_2W_2A 的产量较 N_1 处理增加了 24.02%、10.52%、20.29%和10.45%，N_2W_1C、N_2W_2C 的水分利用效率分别增加了 18.62%、19.79%。

温室微区番茄的品质在加氧灌溉下也有了较大的改善（$P < 0.05$）。N_2W_2A 的 VC 含量较对照增加了 12.04%，N_1W_2C、N_1W_2A、N_2W_2C 和 N_2W_2A 的 VC 含量较 W_1 处理分别增加了 27.88%、42.13%、26.94%和25.36%，N_2W_1A 的 VC 含量较 N_1 处理增加了 18.70%。N_1W_1A、N_1W_2A、N_2W_1A 和 N_2W_2A 的可溶性蛋白质含量较对照分别增加了 20.96%、28.74%、16.59%和 10.81%，N_1W_2C、N_1W_2A、N_2W_2C 和 N_2W_2A 较 W_1 处理分别增加了 18.09%、25.68%、31.27%和24.77%，N_2W_2C 较 N_1 处理增加了 20.04%。

单因素中，施肥量、灌水量和加氧量对产量、水分利用效率、VC 含量、总酸和可溶性蛋白质含量有显著影响。施肥量和加氧量两因素交互作用对水分利用效率和可溶性蛋白质含量有显著影响，加氧量和灌水量两因素交互作用对产量有极显著的影响。

6.8.6 微区番茄养分吸收利用

1. 对微区番茄氮素吸收利用的影响

不同施肥量、加氧量和灌水量对温室微区番茄不同部位氮素吸收量和氮肥利用率的影响见表 6-34。

表 6-34 微区番茄的氮素吸收量和氮肥利用率

处理	氮素吸收量/(g/plant)				氮肥利用率/(g/g)
	根	茎	叶	果	
N_1W_1C	0.12±0.0058d	0.7±0.1856c	4.05±0.5106d	1.8±0.1927f	1.23±0.0794e
N_1W_1A	0.12±0.0065d	1.26±0.2051ab	5.91±0.5109c	1.92±0.3641ef	1.71±0.1076c
N_1W_2C	0.16±0.0086c	0.74±0.1196c	4.82±0.3957cd	2.17±0.0132ef	1.46±0.0502d
N_1W_2A	0.21±0.0022b	1.42±0.0202a	7.71±0.5837b	4.37±0.2463b	2.54±0.1434a

续表

处理	氮素吸收量/(g/plant)				氮肥利用率/(g/g)
	根	茎	叶	果	
N_2W_1C	0.16±0.004c	1.04±0.1509bc	5.25±0.3915cd	2.47±0.029de	1.24±0.0496e
N_2W_1A	0.15±0.0043c	1.48±0.0576a	7.3±0.2581b	3.38±0.0808c	1.71±0.0403c
N_2W_2C	0.21±0.023b	0.94±0.1034bc	5.93±0.3583c	2.92±0.1628cd	1.39±0.0489de
N_2W_2A	0.25±0.0053a	1.6±0.1009a	9.1±0.3431a	5.27±0.1963a	2.25±0.0439b
F 值					
施肥量 N	117.846**	19.826**	52.434**	141.098**	7.285*
加氧量 O	34.117**	120.169**	201.101**	308.946**	507.047**
灌水量 W	325.619**	1.173ns	51.606**	262.833**	186.971**
N×O	2.075ns	0.408ns	0.431ns	9.032**	2.761ns
N×W	3.727ns	0.678ns	0.018ns	2.312ns	8.114*
O×W	32.015**	2.436ns	9.373**	121.981**	60.415**
N×O×W	0.059ns	0.159ns	0.016ns	3.994ns	2.835ns

与温室盆栽番茄试验类似，加氧处理对微区番茄的养分吸收也有显著的改善（$P<0.05$）。与对照相比，N_1W_1A、N_1W_2A、N_2W_1A 和 N_2W_2A 的茎部氮吸收量分别增加了 80.00%、91.89%、42.31%和70.21%，叶片氮吸收量分别增加了 45.93%、59.96%、39.05%和 53.46%，氮肥利用率分别增加了 39.02%、73.97%、37.90%和 61.87%，N_1W_2A 和 N_2W_2A 的根部氮吸收量增加了 31.25%和 19.05%，N_1W_2A、N_2W_1A 和 N_2W_2A 的果实氮吸收量分别增加了 101.38%、36.84%和 80.48%。灌溉水量对番茄氮素吸收利用的影响主要体现在地下部分，与 W_1 处理相比，N_1W_2C、N_1W_2A、N_2W_2C 和 N_2W_2A 的根部氮吸收量分别增加了 33.33%、75.00%、31.25%和 66.67%，N_1W_2A 和 N_2W_2A 的叶片氮吸收量分别增加了 30.46%和 24.66%，果实氮吸收量分别增加了 127.60%和 55.92%，N_1W_2C、N_1W_2A 和 N_2W_2A 的氮肥利用率分别增加了 18.70%、48.54%和 31.58%。施肥量的增加使番茄对氮吸收利用增强（$P<0.05$），N_2W_1C、N_2W_1A、N_2W_2C 和 N_2W_2A 的根部氮吸收量较 N_1 处理分别增加了 33.33%、25.00%、31.25%和 19.05%，果实氮吸收量分别增加了 37.22%、76.04%、34.56%和 20.59%，N_2W_1A 和 N_2W_2A 的叶片氮吸收量分别增加了 23.52%和 18.03%，施肥量的增加使氮肥利用率降低，N_2W_2A 的氮肥利用率较 N_1 处理减少了 11.42%（$P<0.05$）。

单因素中，施肥量对根、茎、叶、果氮素吸收量有极显著影响，对氮肥利用率有显著影响；加氧量对根、茎、叶、果氮素吸收量和氮肥利用率均有极显著的影响；灌水量对根、叶、果氮素吸收量和氮肥利用率有极显著的影响。施肥量和加氧量两因素交互作用对果实氮素吸收量有极显著影响，施肥量和灌水量两因素交互作用对氮肥利用率有显著影响，加氧量和灌水量两因素交互作用对根、叶、果氮素吸收量和氮肥利用率均有极显著影响。

2. 对微区番茄磷素吸收利用的影响

不同施肥量、加氧量和灌水量对微区番茄不同部位磷素吸收量和磷肥利用率的影响见表 6-35。

表 6-35　微区番茄的磷素吸收量和磷肥利用率

处理	磷素吸收量/(g/plant)				磷肥利用率/(g/g)
	根	茎	叶	果	
N_1W_1C	0.018±0.0039e	0.204±0.0319d	0.299±0.0445b	0.285±0.0174d	0.149±0.0162b
N_1W_1A	0.023±0.0039de	0.275±0.048c	0.299±0.0463b	0.351±0.0168c	0.176±0.0034b
N_1W_2C	0.027±0.0018bcd	0.281±0.0121c	0.258±0.0266b	0.336±0.0219cd	0.167±0.0097b
N_1W_2A	0.036±0.0031ab	0.339±0.0166abc	0.417±0.0541ab	0.46±0.0308b	0.232±0.0151a
N_2W_1C	0.025±0.0036cde	0.298±0.0092bc	0.414±0.0293ab	0.353±0.0129c	0.151±0.0048b
N_2W_1A	0.028±0.003bcd	0.303±0.0266bc	0.398±0.0733ab	0.443±0.0234b	0.163±0.0099b
N_2W_2C	0.034±0.0012bc	0.362±0.0155ab	0.376±0.0595ab	0.42±0.0221b	0.166±0.0128b
N_2W_2A	0.044±0.0036a	0.408±0.0043a	0.516±0.1293a	0.696±0.0182a	0.231±0.0186a
F 值					
施肥量 N	26.663**	46.471**	16.289**	194.307**	0.41ns
加氧量 O	30.248**	20.197**	7.119*	261.273**	69.544**
灌水量 W	81.382**	60.169**	2.168*	194.388**	59.882**
N×O	0.033ns	3.985ns	0.11ns	26.072**	0.524ns
N×W	0.313ns	0.497ns	0.001ns	21.641**	0.179ns
O×W	3.919ns	0.468ns	8.734**	49.545**	20.803**
N×O×W	0.586ns	1.898ns	0.001ns	13.744**	0.627ns

由表 6-35 可以看出，加氧灌溉对番茄磷素吸收利用的改善主要在果实和根系部分。与对照相比，N_1W_1A、N_1W_2A、N_2W_1A 和 N_2W_2A 的果实磷素吸收量分别增加了 23.16%、36.90%、25.50% 和 65.71%，N_2W_2A 的根部磷素吸收量增加了 29.41%（$P<0.05$）；N_1W_2A、N_2W_2C 和 N_2W_2A 的果实磷素吸收量较 W_1 处理分别增加了 31.05%、18.98% 和 57.11%，N_1W_2C、N_1W_2A 和 N_2W_2A 的根部磷素吸收量较 W_1 处理分别增加了 50.00%、56.52% 和 57.14%；N_2W_1C、N_2W_1A、N_2W_2C 和 N_2W_2A 的果实磷素吸收量较 N_1 处理分别增加了 23.86%、26.21%、25.00% 和 51.30%（$P<0.05$）。各处理的磷肥利用率，N_1W_2A 和 N_2W_2A 较对照分别增加了 38.92% 和 39.16%，较 W_1 处理分别增加了 31.82% 和 41.72%（$P<0.05$）。

单因素中，施肥量对根、茎、叶、果的磷素吸收量均有极显著影响；加氧量和灌水量对根、茎、果的磷素吸收量和磷肥利用率有极显著影响，对叶片的磷素吸收量有显著影响；施肥量和加氧量、施肥量和灌水量的两因素交互作用以及施肥量、加氧量和灌水量的三因素交互作用对果实磷素吸收量均有极显著的影响；加氧量和灌水量的两因素交互作用对叶片磷素吸收量和磷肥利用率有极显著的影响。

3. 对微区番茄钾素吸收利用的影响

不同施肥量、加氧量和灌水量对微区番茄不同部位钾素吸收量和钾肥利用率的影响见表 6-36。

表 6-36　盆栽番茄的钾素吸收量和钾肥利用率

处理	钾素吸收量/(g/plant)				钾肥利用率/(g/g)
	根	茎	叶	果	
N_1W_1C	0.16±0.0176f	1.135±0.2323d	1.234±0.0992c	3.954±0.235e	0.469±0.0323d
N_1W_1A	0.189±0.008ef	1.381±0.1473bcd	1.628±0.4817bc	5.677±0.198cd	0.592±0.0643bc
N_1W_2C	0.203±0.0174e	1.27±0.0158cd	1.565±0.0813bc	5.072±0.4151d	0.562±0.0168cd
N_1W_2A	0.281±0.0162b	1.721±0.1142b	2.015±0.1791ab	7.733±0.1658b	0.744±0.0123a
N_2W_1C	0.213±0.0133de	1.554±0.0518bc	1.503±0.2301bc	5.276±0.1404d	0.454±0.0263d
N_2W_1A	0.241±0.0051cd	1.574±0.2022bc	1.888±0.3693abc	6.207±0.1491c	0.514±0.0746cd
N_2W_2C	0.258±0.0123bc	1.601±0.0541bc	1.954±0.0797abc	7.224±0.6289b	0.53±0.0171cd
N_2W_2A	0.327±0.0113a	2.109±0.0884a	2.522±0.2369a	9.966±0.2486a	0.689±0.0215ab
F 值					
施肥量 N	88.722**	37.009**	11.421**	147.143**	7.787*
加氧量 O	87.222**	31.431**	18.194**	245.415**	65.362**
灌水量 W	148.055**	23.319**	18.324**	298.223**	58.311**
N×O	0.187ns	0.596ns	0.066ns	1.906ns	1.76ns
N×W	0.014ns	0.242ns	0.764ns	24.269**	0.005ns
O×W	17.337**	10.065**	0.324ns	28.556**	5.833*
N×O×W	0.162ns	1.681ns	0.089ns	2.88ns	0.404ns

由表 6-36 可以看出，加氧灌溉下温室番茄对钾素的吸收和磷素相似，改善效果都集中在果实和根系上。与对照相比，N_1W_1A、N_1W_2A、N_2W_1A 和 N_2W_2A 的果实钾素吸收量分别增加了 43.58%、52.46%、17.65%和 37.96%，N_1W_2A 和 N_2W_2A 的根部钾素吸收量分别增加了 38.42%和 26.74%；N_1W_2C、N_1W_2A、N_2W_2C 和 N_2W_2A 的果实钾素吸收量较 W_1 处理分别增加了 28.28%、36.22%、36.92%和 60.56%，根部钾素吸收量分别增加了 26.88%、48.68%、21.13%和 35.68%（$P<0.05$）；N_2W_1C、N_2W_1A、N_2W_2C 和 N_2W_2A 的根部钾素吸收量较 N_1 处理分别增加了 33.13%、27.51%、27.09%和 16.37%，N_2W_1A、N_2W_2C 和 N_2W_2A 的果实钾素吸收量分别增加了 9.34%、42.43%和 28.88%。N_1W_1A、N_1W_2A 和 N_2W_2A 的钾肥利用率较对照分别增加了 26.23%、32.38%和 30.00%（$P<0.05$）。

单因素中，施肥量对根、茎、叶、果的钾素吸收量均有极显著的影响，对钾肥利用率有显著的影响；加氧量和灌水量对根、茎、叶、果的钾素吸收量和钾肥利用率有极显著的影响。施肥量和灌水量的两因素交互作用对果实钾素吸收量有极显著的影响；加氧量和灌水量的两因素交互作用对根、茎、果的钾素吸收量有极显著的影响，对钾肥利用率有显著的影响。

6.8.7 土壤通气性和微区番茄生理指标、产量品质的相关关系分析

以全生育期各土壤通气性指标的平均值与作物生理指标、生物量、产量、品质、养分吸收利用进行相关分析，列于表 6-37～表 6-39。

表 6-37 不同作物的土壤通气性指标与净光合速率、蒸腾速率、地上地下部干质量的相关关系

指标	净光合速率	蒸腾速率	地上部干质量	地下部干质量
充气孔隙度	−0.511[*]	−0.342	−0.574[**]	−0.820[**]
溶解氧浓度	0.385[*]	0.430[*]	0.471[*]	0.191
氧气扩散速率	0.326[*]	0.433[*]	0.442[*]	0.361[*]
氧化还原电位	0.235	0.340	0.326	0.232
土壤呼吸速率	0.614[**]	0.545[**]	0.719[**]	0.487[*]

可以看出，微区番茄试验中，净光合速率与土壤溶解氧浓度、氧气扩散速率呈显著的正相关关系（$r = 0.385$ 和 0.326，$P < 0.05$），与土壤呼吸速率呈极显著的正相关关系（$r = 0.614$，$P < 0.01$），与充气孔隙度呈显著的负相关关系（$r = −0.511$，$P < 0.05$）；蒸腾速率与土壤溶解氧浓度、氧气扩散速率呈显著的正相关关系（$r = 0.430$ 和 0.433，$P < 0.05$），与土壤呼吸速率呈极显著的正相关关系（$r = 0.545$，$P < 0.01$）。地上部干质量与溶解氧浓度、氧气扩散速率呈显著的正相关关系（$r = 0.471$ 和 0.442，$P < 0.05$），与土壤呼吸速率呈极显著的正相关关系（$r = 0.719$，$P < 0.01$），与充气孔隙度呈极显著的负相关关系（$r = −0.574$，$P < 0.01$）；地下部干质量与氧气扩散速率、土壤呼吸速率呈显著的正相关关系（$r = 0.361$ 和 0.487，$P < 0.05$），与充气孔隙度呈极显著的负相关关系（$r = −0.820$，$P < 0.01$）。

表 6-38 不同作物的土壤通气性指标与作物产量、品质的相关关系

指标	产量	VC 含量	可溶性蛋白质含量	总酸含量
充气孔隙度	−0.646[**]	−0.831[**]	−0.646[**]	0.386
溶解氧浓度	0.448[*]	0.080	0.404	−0.129
氧气扩散速率	0.426[*]	0.117	0.387	−0.029
氧化还原电位	0.318	0.216	0.345	0.019
土壤呼吸速率	0.726[**]	0.418[*]	0.657[**]	−0.270

由表 6-38 可知，微区番茄试验中，产量、VC 含量、可溶性蛋白质含量与充气孔隙度呈显著的负相关关系（$r = −0.831$～−0.646，$P < 0.05$）；产量与溶解氧浓度、氧气扩散速率呈显著的正相关关系（$r = 0.448$ 和 0.426，$P < 0.05$），与土壤呼吸速率呈极显著的正相关关

系（$r = 0.726$，$P < 0.01$）；VC 含量与土壤呼吸速率呈显著的正相关关系（$r = 0.418$，$P < 0.05$）；可溶性蛋白质含量与土壤呼吸速率呈极显著的正相关关系（$r = 0.657$，$P < 0.01$）。

表 6-39　不同作物的土壤通气性指标与作物养分吸收利用的相关关系

指标	氮吸收量	磷吸收量	钾吸收量	氮肥利用率	磷肥利用率	钾肥利用率
充气孔隙度	-0.425^*	-0.482^*	-0.505^*	-0.467^*	-0.596^{**}	-0.570^{**}
溶解氧浓度	0.609^{**}	0.438^*	0.440^*	0.655^{**}	0.558^{**}	0.513^*
氧气扩散速率	0.609^{**}	0.482^*	0.488^*	0.658^{**}	0.607^{**}	0.564^{**}
氧化还原电位	0.420^*	0.463^*	0.421^*	0.459^*	0.580^{**}	0.479^*
土壤呼吸速率	0.832^{**}	0.616^{**}	0.663^{**}	0.899^{**}	0.775^{**}	0.763^{**}

由表 6-39 可见，微区番茄试验中，土壤溶解氧浓度与氮吸收量、氮肥利用率、磷肥利用率均呈极显著的正相关关系（$r = 0.558 \sim 0.655$，$P < 0.01$），与磷吸收量、钾吸收量、钾肥利用率呈显著的正相关关系（$r = 0.438 \sim 0.513$，$P < 0.05$）；氧气扩散速率与氮吸收量、氮肥利用率、磷肥利用率、钾肥利用率呈极显著的正相关关系（$r = 0.564 \sim 0.658$，$P < 0.01$），与磷、钾吸收量呈显著的正相关关系（$r = 0.482$ 和 0.488，$P < 0.05$）；氧化还原电位与磷肥利用率呈极显著的正相关关系（$r = 0.580$，$P < 0.01$），与氮、磷、钾吸收量和氮肥、钾肥利用率呈显著的正相关关系（$r = 0.420 \sim 0.479$，$P < 0.05$）；土壤呼吸速率与氮、磷、钾吸收量和氮肥、磷肥、钾肥利用率呈极显著的正相关关系（$r = 0.616 \sim 0.899$，$P < 0.01$）。

6.8.8　小结

（1）加氧灌溉对微区番茄生理活动有显著的改善，净光合速率、蒸腾速率和气孔导度较对照均有显著增强，较高的灌水量和施肥量对作物生理活动也有一定的改善。

（2）加氧灌溉增强地上和地下部生物量积累，对作物产量和品质也有显著的改善。加氧灌溉还能促进作物植株对氮、磷、钾的吸收利用，微区番茄的养分吸收量和肥料利用率均能从中受益。

（3）土壤通气性指标与生理指标、生物量干重的反应一致，净光合速率、蒸腾速率和地上地下部干重与土壤溶解氧浓度、氧气扩散速率基本呈显著的正相关关系。土壤通气性指标与作物产量品质的反应一致，氧气扩散速率、溶解氧浓度和产量、VC 含量、氮吸收量呈正相关关系。

6.9　加氧灌溉下盆栽辣椒响应研究

6.9.1　盆栽辣椒生理活动

盆栽辣椒苗期、开花坐果期和结果期的净光合速率及蒸腾速率列于表 6-40。加氧灌溉可促进盆栽辣椒的生理活动。与对照相比，氧气加氧处理的净光合速率在开花坐果期和结果期均有显著改善，N_1O、N_2O、N_3O 和 N_4O 分别提高了 31.50%、30.09%、27.90%和 24.24%（开花坐果期），67.75%、59.51%、58.00%和 55.27%（结果期）（$P<0.05$）；蒸腾速率也有一定的改善，开花坐果期氧气加氧处理 N_1O、N_2O、N_3O 和 N_4O 的蒸腾速率较对照分别提高了 30.98%、30.29%、26.72%和 23.58%，结果期分别提高了 24.78%、18.72%、17.83%和 14.80%（$P<0.05$）。空气加氧处理的生理活动也有一定的改善，开花坐果期和结果期的净光合速率均有显著提高，N_1A、N_2A、N_3A 和 N_4A 较对照分别提高了 18.27%、15.35%、14.46%和15.22%（开花坐果期），25.74%、25.38%、25.77%和 23.08%（结果期）；空气加氧处理开花坐果期 N_1A、N_2A、N_3A 和 N_4A 的蒸腾速率较对照分别提高了 17.65%、14.92%、12.84%和15.89%，结果期分别提高了 23.63%、25.61%、25.45%和 22.68%（$P<0.05$）。各处理的净光合速率和蒸腾速率在苗期几乎无显著差异。

表 6-40　不同处理辣椒净光合速率和蒸腾速率　　　[单位：$\mu mol/(m^2 \cdot s)$]

处理	苗期		开花坐果期		结果期	
	净光合速率	蒸腾速率	净光合速率	蒸腾速率	净光合速率	蒸腾速率
N_1C	21.29±0.90bc	9.59±0.31c	22.60±0.52gh	10.20±0.24gh	13.83±0.60de	10.37±0.15ef
N_2C	24.30±1.01a	11.00±0.29b	24.63±0.64ef	11.06±0.31ef	14.30±0.84d	10.74±0.62de
N_3C	22.65±0.62abc	10.18±0.33bc	23.37±0.68fg	10.59±0.24fg	13.93±0.42de	10.49±0.23de
N_4C	22.59±1.28abc	10.16±0.60bc	21.16±0.80h	9.50±0.38h	12.52±0.66e	9.39±0.49f
N_1A	20.55±0.94c	10.17±0.50bc	26.73±0.82cd	12.00±0.33cd	17.39±0.72c	12.82±0.64ab
N_2A	24.65±1.59a	12.16±0.71a	28.41±0.64bc	12.71±0.33bc	17.93±0.37bc	13.49±0.31a
N_3A	21.07±1.08bc	10.46±0.57bc	26.75±0.63cd	11.95±0.40cd	17.52±0.77c	13.16±0.59ab
N_4A	21.45±1.02bc	10.55±0.59bc	24.38±1.04fg	11.01±0.46efg	15.41±0.51d	11.52±0.41cd
N_1O	21.87±0.86bc	9.84±0.37c	29.72±0.80b	13.36±0.35b	23.20±0.58a	12.94±0.58ab
N_2O	24.57±0.80a	11.01±0.30b	32.04±1.01a	14.41±0.54a	22.81±0.52a	12.75±0.44ab
N_3O	23.27±0.83ab	10.35±0.33bc	29.89±1.21b	13.42±0.46b	22.01±1.02a	12.36±0.55bc
N_4O	21.93±1.49bc	9.78±0.22c	26.29±1.13de	11.74±0.41de	19.44±1.33b	10.78±0.49de
F 值						
施肥量 N	25.713**	31.916**	68.102**	69.026**	37.755**	40.308**
加氧量 O	4.651**	11.47**	295.276**	290.917**	620.413**	147.464**
N×O	1.476ns	1.788ns	1.968ns	2.562*	2.624*	1.8ns

　　不同施肥量对盆栽辣椒的生理活动也有一定的影响。在苗期，相同加氧处理下各肥料处理的净光合速率呈现出 N_2 最大、N_1 最小的情况，N_3 和 N_4 处于两者中间，比较各施肥处理，氧气加氧、空气加氧和对照的 N_2 处理较 N_1 分别显著提高 14.14%、19.95%和12.35%（$P<0.05$），N_3、N_4 无显著差异；蒸腾速率的表现和净光合速率类似，N_2 最大、N_1 最小，N_3 和 N_4 处于两者中间，对照处理 N_2C 的蒸腾速率较 N_1C 增大了 14.70%，空气

加氧处理 N_2A 较 N_1A、N_3A 和 N_4A 分别增大了 19.57%、16.25%和 15.26%，氧气加氧处理 N_2O 较 N_1O 和 N_4O 分别增大了 11.89%和 12.58%（$P<0.05$）。在开花坐果期和结果期，各施肥处理的生理活动变化和苗期有所差异，净光合速率和蒸腾速率均表现为 N_2 最大、N_4 最小，N_1 和 N_3 处于两者中间的情形。比较各施肥处理，对照组的 N_2C 较 N_4C 显著提高，开花坐果期和结果期的净光合速率分别增大了 16.40%和 14.22%，蒸腾速率分别增大了 16.42%和 14.38%；空气曝气组开花坐果期的净光合速率和蒸腾速率 N_1A、N_2A、N_3A 较 N_4A 分别增大了 9.64%、16.53%、9.72%和 8.99%、15.44%、8.54%，结果期的净光合速率和蒸腾速率 N_1A、N_2A、N_3A 较 N_4A 分别增大了 12.85%、16.39%、13.69%和 11.28%、24.91%、14.24%（$P<0.05$）；氧气曝气组开花坐果期的净光合速率和蒸腾速率 N_1O、N_2O、N_3O 较 N_4O 分别增大了 13.05%、21.87%、13.69%和 13.80%、22.74%、14.31%，结果期的净光合速率和蒸腾速率 N_1O、N_2O、N_3O 较 N_4O 分别增大了 19.34%、17.34%、13.22%和 20.04%、18.27%、14.66%（$P<0.05$）。

单因素中，施肥量和加氧量对三个时期的净光合速率和蒸腾速率均有极显著影响。加氧量和施肥量两因素交互作用对开花坐果期的蒸腾速率和结果期的净光合速率有显著影响。

6.9.2　盆栽辣椒生物量积累

不同加氧量和施肥量对盆栽辣椒生物量和根系活力的影响见表 6-41。由表 6-41 可以看出，加氧处理可提高盆栽辣椒的生物量，空气加氧处理效果更为显著。N_1A、N_2A、N_3A 和 N_4A 的地上部鲜质量较对照分别增大了 26.19%、37.35%、31.18%和 30.90%（$P<0.05$），地上部干质量分别增大了 23.75%、35.92%、29.04%和 36.05%（$P<0.05$）；N_2A 的地下部鲜质量较 N_2C 增大了 26.28%（$P<0.05$），地下部干质量增大了 24.48%（$P<0.05$）。氧气加氧处理对温室辣椒生物量的影响不如空气加氧处理，仅 N_3O 的地上部鲜质量、地上部干质量、地下部鲜质量和地下部干质量较 N_3C 分别提高了 31.22%、34.92%、32.18%和 25.16%（$P<0.05$），其余无显著差异。不同施肥处理对温室辣椒的生物量也有一定的影响，各处理的地上部鲜质量和地上部干质量均表现为 N_4 最小，N_2、N_3 较 N_4 显著提高。对照处理的 N_2C 和 N_3C 地上部鲜质量较 N_4C 分别提高了 41.94%和 28.47%（$P<0.05$），地上部干质量分别提高了 46.01%和 29.69%（$P<0.05$）；地下部生物量无显著差异。氧气加氧处理的 N_2O 和 N_3O 地上部鲜质量较 N_4O 分别提高了 27.43%和 42.65%（$P<0.05$），地上部干质量分别提高了 25.22%和 45.09%（$P<0.05$）；地下部生物量仅 N_2O 有显著提升，地下部鲜质量和干质量较最低值（N_1O 和 N_4O）分别提高了 24.90%和 23.14%（$P<0.05$）。空气加氧处理的 N_2A 和 N_3A 地上部鲜质量较 N_4A 分别提高了 48.94%和 28.74%（$P<0.05$），地上部干质量分别提高了 45.88%和 23.00%（$P<0.05$）；空气加氧处理的地下部生物量和氧气加氧处理类似，仅 N_2A 有显著提升，地下部鲜质量和干质量较最低值 N_4A 分别提高了 35.63%和 32.26%（$P<0.05$）。

表 6-41　不同处理盆栽辣椒生物量和根系活力

处理	鲜质量		干质量		根系活力/[mg TTF/(g·h)]
	地上部/(g/plant)	地下部/(g/plant)	地上部/(g/plant)	地下部/(g/plant)	
N_1C	162.98±10.87ef	14.75±1.32e	32.8±2.7fg	4.2±0.29e	0.052±0.008f
N_2C	205.94±14.38cd	18.57±1.85bcde	41.76±2.77cde	5.27±0.56bcde	0.08±0.007bcd
N_3C	186.39±14.03cde	16.13±2.64de	37.09±3.26def	4.69±0.85de	0.06±0.007ef
N_4C	145.09±17.49f	15.19±0.96e	28.6±3.48g	4.31±0.3e	0.046±0.005f
N_1O	187.36±16.19cde	17.83±1.59cde	37.82±3.51def	5.06±0.45bcde	0.062±0.008def
N_2O	218.48±17.45bc	22.27±2.15ab	43.19±2.77bcd	6.12±0.48ab	0.098±0.01ab
N_3O	244.58±15.21ab	21.32±2.33abc	50.04±3.36ab	5.87±0.36abc	0.089±0.01abc
N_4O	171.45±20.79def	18.16±1.03bcde	34.49±4.44efg	4.97±0.27cde	0.064±0.008def
N_1A	205.67±16.23cd	18.32±1.7bcde	40.59±2.76cde	5.18±0.5bcde	0.083±0.01abc
N_2A	282.86±21.57a	23.45±2.2a	56.76±3.82a	6.56±0.62a	0.099±0.012a
N_3A	244.5±24.25b	20.11±3.04abcd	47.86±4.76bc	5.77±0.74abcd	0.092±0.008ab
N_4A	189.92±18.93cde	17.29±1.66cde	38.91±3.82def	4.96±0.54cde	0.071±0.008cde
F 值					
施肥量 N	48.90**	18.08**	48.33**	18.41**	42.75**
加氧量 O	49.90**	23.43**	49.14**	21.49**	52.17**
N×O	3.71**	0.79ns	5.10**	0.52ns	1.85ns

　　加氧灌溉对盆栽辣椒的根系活力也有一定的影响。空气加氧处理 N_1A、N_2A、N_3A 和 N_4A 较对照分别增大了 59.62%、23.75%、53.33%和 54.35%（$P<0.05$），氧气加氧处理的 N_3O 较对照 N_3C 增大了 48.33%（$P<0.05$）。分析不同施肥处理，各处理的根系活力均为 N_2 最大，对照组的 N_2C 较 N_1C、N_3C 和 N_4C 分别增大了 53.85%、33.33%和 73.91%（$P<0.05$）；氧气加氧处理的 N_2O 较 N_1O 和 N_4O 分别增大了 58.06%和 53.13%（$P<0.05$），N_3O 较 N_1O 和 N_4O 分别增大了 43.55%和 39.06%（$P<0.05$）；空气加氧处理的 N_2A 和 N_3A 较 N_4A 分别增大了 39.44%和 29.58%（$P<0.05$）。

　　单因素中，加氧量和施肥量对盆栽辣椒地上部鲜质量、地下部鲜质量、地上部干质量、地下部干质量和根系活力均有极显著影响。加氧量和施肥量两因素交互作用对地上部的鲜质量和干质量有极显著影响。

6.9.3　盆栽辣椒产量和品质

　　不同加氧量和施肥量对盆栽辣椒产量和品质的影响见表 6-42。由表 6-42 可以看出，空气加氧处理 N_1A、N_2A、N_3A 和 N_4A 的产量较对照分别增大了 20.82%、38.76%、34.24% 和 34.58%（$P<0.05$）；氧气加氧处理 N_2O、N_3O 和 N_4O 的产量较对照分别增大了 24.69%、16.37%和 20.62%（$P<0.05$）。不同施肥处理对盆栽辣椒的产量也有影响。各处理的 N_2 均为产量最大，对照处理的 N_2C 较 N_4C 增大了 23.10%，氧气加氧处理的 N_2O 较 N_1O、

N_3O 和 N_4O 分别增大了 28.85%、16.19%和 27.25%，空气加氧处理的 N_2A 较 N_1A、N_3A 和 N_4A 分别增大了 19.91%、12.09%和 26.92%（$P<0.05$）。

表 6-42　不同处理盆栽辣椒产量和品质

处理	产量/(g/plant)	水分利用效率/(kg/m³)	VC 含量/(10^{-2}mg/g)	可溶性蛋白质含量/(mg/g)
N_1C	387.37±31.5efg	8.82±0.72efg	73.24±2.59e	1.94±0.16a
N_2C	404.44±26.99ef	9.21±0.61ef	76.75±3.26bcde	2.04±0.14a
N_3C	372.96±15.31fg	8.5±0.35fg	77.26±2.16bcde	1.92±0.11a
N_4C	328.54±27.59g	7.48±0.63g	73.19±2.48e	1.88±0.17a
N_1O	391.37±12.31ef	8.91±0.28ef	78.51±3.33abcde	2.01±0.19a
N_2O	504.28±14.09ab	11.49±0.32ab	84.52±3.02a	2.12±0.07a
N_3O	434.02±15.22de	9.89±0.35de	82.43±1.63abc	2.06±0.15a
N_4O	396.29±12.83ef	9.03±0.29ef	74.62±3.47de	1.98±0.18a
N_1A	468.02±28.03bcd	10.66±0.64bcd	80.46±2.83abcd	2.05±0.2a
N_2A	561.2±28.41a	12.78±0.65a	84.08±3.61a	2.1±0.15a
N_3A	500.68±53.71bc	11.41±1.22bc	83.17±2.16ab	1.94±0.12a
N_4A	442.16±35.42cde	10.07±0.81cde	76.64±3.62cde	1.92±0.15a
F 值				
施肥量 N	35.85**	35.85**	21.06**	2.95*
加氧量 O	93.50**	93.50**	19.85**	1.95ns
N×O	3.01*	3.01*	0.77ns	0.25ns

分析各处理的果实品质，加氧灌溉对温室辣椒的 VC 含量有一定的影响，N_2A 和 N_2O 的 VC 含量较对照分别增加了 9.55%和 10.12%，N_1A 较 N_1C 增大了 9.86%（$P<0.05$）；而可溶性蛋白质含量无显著差异。施肥处理对 VC 含量也有一定的影响，氧气加氧处理的 N_2O 和 N_3O 较 N_4O 分别增大了 13.27%和 10.47%，空气加氧处理的 N_2A 和 N_3A 较 N_4A 分别增大了 9.71%和 8.52%（$P<0.05$）。

单因素中，施肥量和加氧量对产量、水分利用效率和 VC 含量均有极显著影响，施肥量对可溶性蛋白质含量有显著影响。加氧量和施肥量两因素交互作用对产量和水分利用效率有显著影响。

6.9.4　盆栽辣椒产量响应曲面分析

盆栽辣椒试验中采用的 40mg/L 加氧量和 300kg N/hm² 施肥量对作物生长、生理和产量均有负面影响，而 1.0 倍作物-蒸发皿系数的灌水量适宜作物生长。适宜的加氧量和施肥量是加氧灌溉进一步推广使用的关键。这里使用不同加氧量和施肥量下的盆栽辣椒试验的数据，采用产量响应曲面对适合盆栽辣椒的加氧量和施肥量进行分析，获得适合辣椒的加氧灌溉参数。

由图 6-16 可以看出，施肥量和加氧量对辣椒产量的影响呈现先升高后降低的趋势，图中产量最高值出现在 25mg/L 的加氧量和 210kg N/hm^2 的施肥量处。

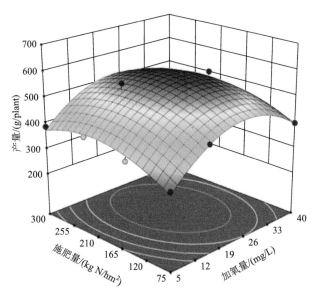

图 6-16　盆栽辣椒的产量响应曲面

6.9.5　小结

（1）加氧灌溉对盆栽辣椒生理活动有显著的改善，净光合速率、蒸腾速率较对照均显著增强，辣椒试验中最优的组合是 N$_2$ 和 A。

（2）加氧灌溉增强地上和地下部生物量积累，对作物产量和品质也有显著的改善作用。其中，空气加氧处理的影响要大于氧气加氧处理。不同施肥量中，盆栽辣椒试验中更适宜的为 N$_2$。

（3）通过响应曲面法确定了盆栽辣椒产量最优的灌溉参数，为 1.0 倍作物-蒸发皿系数的灌水量、25mg/L 的加氧量和 210kg N/hm^2 的施肥量。

6.10　加氧灌溉下盆栽番茄生长动态响应研究

6.10.1　盆栽番茄生物量积累动态

设计不同加氧量和施肥量下不同生育期的盆栽番茄破坏性取样试验进行生物量积累动态的研究，各处理不同时期的地上地下部干质量见表 6-43，不同处理的干质量积累速度见表 6-44。

表 6-43 不同处理不同生育期的番茄干质量

处理	第61d/(g/plant)		第81d/(g/plant)		第114d/(g/plant)	
	地上部	地下部	地上部	地下部	地上部	地下部
N_1C	88.59±7.31abc	3.74±0.84ab	139.09±14.19bc	5.64±0.73cd	168.82±13.38bcd	10.45±0.71c
N_2C	101.94±1.29a	3.61±0.78ab	109.55±14.5cde	4.78±0.85de	158.47±6cd	12.73±0.93abc
N_3C	82.4±6.92bc	3.12±0.23b	93.3±8.01de	4.38±0.55de	121.87±5.7ef	14.37±1.32a
N_4C	77.94±2.59c	3.03±0.86b	84.32±12.67e	3.13±0.7e	113.14±4.65f	7.02±0.69d
N_1O	98.08±7.71ab	4.3±0.58ab	158.72±15.14ab	7.02±0.98bc	188.73±14.21bc	14.38±1.5a
N_2O	98.39±8.93ab	3.42±0.39ab	119.09±4.14cd	9.76±0.13a	151.37±14.7de	13.97±0.73a
N_3O	90.2±4.19abc	4.25±0.62ab	134.3±18.17bc	5.76±0.57cd	121.51±8.62ef	11.32±0.45bc
N_4O	82.44±4.17bc	3.03±0.49b	121.89±10.45cd	3.97±0.6de	121.68±12.94ef	6.95±0.57d
N_1A	95.74±1.17ab	5.01±0.33a	185.54±6.47a	10.41±0.66a	226.54±7.03a	14.61±0.58a
N_2A	105.27±7.5a	3.17±0.66b	162.14±7.23ab	8.68±0.86ab	196.58±10.97ab	13.42±0.87ab
N_3A	99.41±4.46a	3.84±0.53ab	140.06±4.27bc	7.09±0.71bc	177.06±4.84bcd	13.13±0.65ab
N_4A	95.64±5.79ab	3.38±0.27ab	121.09±0.36cd	3.26±0.23e	123.2±14.07ef	6.96±0.94d
F 值						
施肥量 N	13.125**	7.095**	36.608**	81.664**	88.827**	111.329**
加氧量 O	11.774**	2.208ns	52.846**	59.112**	52.292**	3.106ns
N×O	1.949ns	1.645ns	2.792*	13.199**	5.319**	9.590**

表 6-44 不同处理不同生育期的番茄干质量积累速度

处理	第61～第81d/[g/(plant·d)]		第82～第114d/[g/(plant·d)]	
	地上部	地下部	地上部	地下部
N_1C	2.53±0.44bc	0.095±0.014de	0.9±0.19ab	0.146±0.006def
N_2C	0.38±0.78e	0.059±0.013ef	1.48±0.26a	0.241±0.005b
N_3C	0.54±0.05e	0.063±0.017ef	0.87±0.19ab	0.303±0.024a
N_4C	0.32±0.53e	0.005±0.008gh	0.87±0.25ab	0.118±0.016fg
N_1O	3.03±0.55b	0.136±0.023cd	0.91±0.54ab	0.223±0.024bc
N_2O	1.04±0.24de	0.317±0.014a	0.98±0.34a	0.128±0.019efg
N_3O	2.21±0.75bcd	0.076±0.015ef	0.02±0.07c	0.169±0.008de
N_4O	1.97±0.31bcd	0.047±0.006fg	0.01±0.11c	0.091±0.006g
N_1A	4.49±0.27a	0.27±0.019b	1.24±0.09a	0.127±0.009efg
N_2A	2.84±0.32b	0.276±0.028ab	1.04±0.22a	0.144±0.017def
N_3A	2.03±0.13bcd	0.163±0.013c	1.12±0.04a	0.183±0.015cd
N_4A	1.27±0.27cde	−0.006±0.005h	0.15±0.33bc	0.112±0.022fg
F 值				
施肥量 N	44.6**	272.345**	17.261**	74.292**
加氧量 O	46.247**	183.963**	16.628**	49.29**
N×O	5.837**	62.847**	6.337**	31.198**

由表 6-43 可以看出，盆栽番茄的生物量积累受加氧灌溉的影响很大。移栽后第 61d 效果并不明显，在移栽后第 81d 和第 114d，加氧处理效果比较显著。

在移栽后第 61d，番茄地上部干质量仅空气加氧处理 N_3A 和 N_4A 较对照分别增大了 20.64%和 22.71%（$P<0.05$）；不同施肥处理的影响仅对照处理组表现显著，N_2C 较 N_3C 和 N_4C 分别提高了 23.71%和 30.79%（$P<0.05$）。而在地下部，加氧处理的表现并不显著，施肥处理仅空气加氧处理 N_1A 较 N_2A 增大了 58.04%。

在移栽第 81d，加氧灌溉的效果开始凸显。地上部干质量表现出空气加氧处理最大，对照处理最小的情形，N_1A、N_2A、N_3A 和 N_4A 较对照分别增大了 33.40%、48.01%、50.12% 和 43.61%，N_3O 和 N_4O 较对照分别增大了 43.94%和 44.56%（$P<0.05$）；不同施肥量中，地上部干质量对照组和空气加氧组为 N_1 最大、N_4 最小，对照处理 N_1C 较 N_3C 和 N_4C 分别增大了 49.08%和 64.95%，氧气加氧处理 N_1O 较 N_2O 和 N_4O 分别增大了 33.28%和 30.22%，空气加氧处理 N_1A 较 N_3A 和 N_4A 分别增大了 33.47%和 53.22%（$P<0.05$）。地下部干质量和地上部类似，空气加氧处理最大，对照处理最小，N_1A、N_2A 和 N_3A 较对照分别增大了 84.57%、81.59%和 61.87%，N_2O 和 N_3O 分别增大了 104.18%和 31.51%（$P<0.05$）；施肥处理中，对照组和空气加氧组为 N_1 最大、N_4 最小，N_1C 较 N_4C 增大了 80.19%，N_1A 较 N_3A 和 N_4A 分别增大了 46.83%和 219.33%，氧气加氧处理为 N_2 最大、N_4 最小，N_2O 较 N_3O 和 N_4O 分别增大了 69.44%和 145.84%（$P<0.05$）。

在移栽第 114d，加氧灌溉对生物量积累的改善效果达到顶点。空气加氧处理的地上部干质量较对照有显著增强，而氧气加氧处理的改善不再显著，N_1A、N_2A 和 N_3A 较对照分别增大了 34.19%、24.05%和 45.29%（$P<0.05$）；不同施肥处理的地上部干质量中，对照组 N_1C 较 N_3C 和 N_4C 分别增大了 38.52%和 49.21%，N_2C 较 N_3C 和 N_4C 分别增大了 30.03%和 40.07%，氧气加氧组中 N_1O 较 N_2O、N_3O 和 N_4O 分别增大了 24.68%、55.32% 和 55.10%，空气加氧组 N_1A 较 N_3A 和 N_4A 分别增大了 27.95%和 83.88%，N_2A 和 N_3A 较 N_4A 分别增大了 59.56%和 43.72%（$P<0.05$）。地下部干生物量加氧处理仅 N_1A 和 N_1O 较对照分别增大了 39.81%和 37.61%，不同施肥处理中，对照组为 N_3 最大、N_4 最小，N_3C 较 N_1C 和 N_4C 分别增大了 37.51%和 104.70%，N_2C 较 N_4C 增大了 81.34%，氧气加氧组中，N_1 最大、N_4 最小，N_1O、N_2O 和 N_3O 较 N_4O 分别增大了 106.91%、101.01%和 62.88%，N_1O 和 N_2O 较 N_3O 分别增大了 27.03%和 23.41%，空气加氧组为 N_1 最大、N_4 最小，N_1A、N_2A 和 N_3A 较 N_4A 分别增大了 109.91%、92.82%和 88.65%（$P<0.05$）。

单因素中，加氧量和施肥量对三个时期的地上部干质量均有极显著的影响，施肥量在三个时期对地下部干质量有极显著的影响，加氧量在第 81d 时对地下部干质量有极显著的影响。加氧量和施肥量两因素交互作用对第 114d 的地上部、地下部干质量有极显著的影响，对第 81d 的地下部干质量有极显著的影响，对地上部干质量有显著的影响。

不同处理下果实膨大期（移栽第 61~第 81d）和成熟期（移栽第 82~第 114d）的番茄地上部、地下部干质量积累速度列于表 6-44。

由表 6-44 可知，在果实膨大期，加氧处理地上部干质量积累速度要大于对照，N_1A、N_2A、N_3A、N_3O 和 N_4O 较对照分别增大了 77.47%、647.37%、275.93%、309.26%和

515.63%，地下部干质量积累速度也从中受益，N_1A、N_2A、N_3A 和 N_2O 较对照分别增大了 184.21%、367.80%、158.73%和 437.29%（$P<0.05$）；而对于不同施肥量来说，N_1 的地上部干质量积累速度最大，N_1C 较 N_2C、N_3C 和 N_4C 分别增大了 565.79%、368.52%和 690.63%，N_1O 较 N_2O 增大了 191.35%，N_1A 较 N_2A、N_3A 和 N_4A 分别增大了 58.10%、121.18%和 253.54%（$P<0.05$）。

在成熟期，地上部干质量积累速度要低于果实膨大期，且加氧处理与对照处理的差异并不显著，N_3O、N_4O 和 N_4A 的地上部干质量积累速度要大大低于其他处理，地上部植株几乎不再生长。地下部干质量却表现得不一致，对照处理要大于果实膨大期，加氧处理 N_3 和 N_4 条件下的地下部干质量积累速度要大于果实膨大期，N_1A、N_2A、N_2O 低于果实膨大期，N_1O 大于果实膨大期；分析成熟期不同加氧处理下施肥对地下部干质量积累速度的影响，对照处理 N_3C 较 N_1C 和 N_4C 分别增大了 107.53%和 156.78%，N_2C 较 N_1C 和 N_4C 分别增大了 65.07%和 104.24%，空气加氧处理 N_3A 较 N_1A 和 N_4A 分别增大了 44.09%和 63.39%，氧气加氧处理 N_1O 和 N_3O 较 N_4O 增加了 145.05%和 85.71%（$P<0.05$）。

加氧量、施肥量以及加氧量和施肥量两因素交互作用对两个时期的地上部、地下部干质量积累速度均有极显著的影响。

6.10.2　盆栽番茄产量积累动态

不同加氧量和施肥量对盆栽番茄不同生育期产量的影响见表 6-45。

表 6-45　不同处理不同时期盆栽番茄产量

处理	移栽后第 61d/(g/plant)	移栽后第 81d/(g/plant)	移栽后第 114d/(g/plant)	总产量/(g/plant)
N_1C	233.29±39.91abcd	680.04±83.41bcd	490.54±82.2bcd	1403.87±104.36cde
N_2C	323.53±35.32ab	587.09±66.5cd	457.53±56.7cde	1368.15±80.19cde
N_3C	250.66±31.46abcd	537.73±83.32d	408.23±61.18def	1196.62±164.41e
N_4C	182.11±0.43d	338.17±79.46e	255.16±31.93f	775.44±91.72f
N_1O	244.52±29.97abcd	802.39±52.58ab	680.56±82.95a	1727.47±103.88ab
N_2O	302.6±37.56abc	725.42±69.26abcd	613.06±98.65abc	1641.08±194.99abc
N_3O	273.14±19.17abcd	641.77±104.07bcd	228.11±62.53f	1143.02±170.33e
N_4O	248.88±54.03abcd	603.3±30.07cd	318.2±80.81def	1170.38±10.33e
N_1A	216.55±38.41cd	857.16±54.39a	670.94±14.71ab	1744.65±68.48a
N_2A	337.15±25.43a	753.13±66.69abc	482.35±75bcd	1572.63±62.1abcd
N_3A	301.01±49.19abc	545.81±8.98d	409.58±33.02def	1256.4±65.11de
N_4A	223.29±35.41bcd	672.88±52.15bcd	263.98±70.06ef	1160.15±121.26e
F 值				
施肥量 N	3.051*	3.769*	6.798**	0.476ns
加氧量 O	2.478*	6.235**	11.918**	11.004**
N×O	7.147**	19.371**	23.131**	30.579**

在移栽第 61d 第一次采收时，各处理的产量差异还不明显。在移栽后第 81d 第二次采收时，加氧处理对番茄产量的改善效果已经有所展现，氧气加氧处理的 N_4O 以及空气加氧处理的 N_1A、N_2A 和 N_4A 较对照分别增大了 78.40%、26.05%、28.28% 和 98.98%（$P<0.05$）；施肥量对产量的影响也比较显著，对照处理中 N_1C、N_2C 和 N_3C 较 N_4C 分别增大了 101.09%、73.61% 和 59.01%，空气加氧处理的 N_1A 较 N_3A 和 N_4A 分别增大了 57.04% 和 27.39%（$P<0.05$）。在移栽第 114d 生育期末采收时，加氧处理仍对产量有一定的影响，但较第二次采收效果减弱，仅氧气加氧处理 N_1O 和空气加氧处理 N_1A 较对照分别增大了 38.74% 和 36.78%（$P<0.05$）；施肥量对产量的处理依然显著，对照处理 N_1C 和 N_2C 较 N_4C 分别增大了 92.25% 和 79.31%，氧气加氧处理 N_1O 和 N_2O 较 N_3O 增大了 198.35% 和 168.76%，较 N_4O 分别增大了 113.88% 和 92.66%，空气加氧处理 N_1A 较 N_3A 和 N_4A 分别增大了 63.81% 和 154.16%（$P<0.05$）。分析处理对盆栽番茄总产量的影响，加氧处理下 N_1 和 N_4 较对照均有显著提高，空气加氧处理分别增加了 24.27% 和 49.61%，氧气加氧处理分别提高了 23.05% 和 50.93%（$P<0.05$）；施肥处理表现出 N_1 较大、N_4 较小的情形，对照处理 N_1C、N_2C 和 N_3C 较 N_4C 分别增大了 81.04%、76.44% 和 54.31%，氧气加氧处理 N_1O、N_2O 较 N_3O 分别增大了 51.13%、43.57%，较 N_4O 分别增大了 47.60%、40.22%，空气加氧处理 N_1A 较 N_3A 增大了 38.86%，N_1A、N_2A 较 N_4A 分别增大了 50.37%、35.55%（$P<0.05$）。

单因素中，施肥量和加氧量对移栽第 61d 的产量均有显著影响，对移栽第 114d 的产量均有极显著影响；施肥量对移栽第 81d 的产量有显著影响，加氧量对其有极显著的影响；加氧量对总产量有极显著的影响。加氧量和施肥量两因素交互作用对不同时期的产量以及总产量均有极显著影响。

不同处理不同时期盆栽番茄的累积产量见图 6-17。

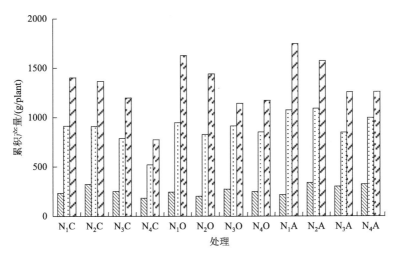

图 6-17　不同时期不同处理盆栽番茄的累积产量

同一处理三个柱状图从左到右依次为移栽后第 61d、移栽后第 81d 和移栽后第 114d

由图 6-17 可知，加氧处理的累积产量要显著大于对照处理，且在 N_1 和 N_2 施肥量下效果最为显著。各处理的产量主要产生在第 61～第 81d，该时间段产生的产量可达到全部产量的一半以上，对照处理第 61～第 81d 产量占总产量的百分比的均值为 65.13%，空气加氧处理和氧气加氧处理的产量占总产量的百分比分别为 68.88%和 69.03%（$P<0.05$）。而在第 82～第 114d，番茄植株的产量潜力有所降低，但加氧处理番茄植株的生长潜力较对照仍有所改善，这种情况在高肥量处理下更为显著，N_1C 处理第 82～第 114d 的产量占总产量的百分比为 34.94%，而 N_1A 和 N_1O 分别占 38.46%和 39.40%（$P<0.05$）。

6.10.3　盆栽番茄养分吸收动态

1. 对盆栽番茄氮吸收动态的影响

不同时期不同加氧量和施肥量下盆栽番茄的氮吸收量见图 6-18。

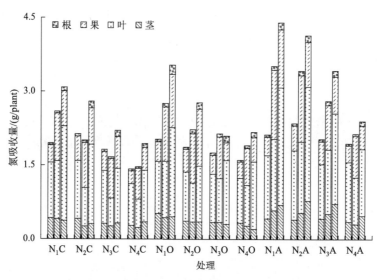

图 6-18　不同时期不同处理盆栽番茄的氮吸收量

同一处理三个柱状图从左到右依次为移栽后第 61d、移栽后第 81d 和移栽后第 114d

由图 6-18 可以看出，加氧处理在作物生长的后期对作物的氮吸收利用有显著的影响。在移栽后第 61d，各加氧处理的氮吸收量无显著差异。而在第 81d，加氧处理的氮吸收量较对照已有明显的增加，空气加氧处理更为显著，N_1A、N_2A 和 N_3A 的茎部氮吸收量较对照分别增加了 42.41%、105.56%和 95.70%，N_2A、N_3A 和 N_4A 的叶片氮吸收量较对照分别增加了 85.36%、132.05%和 65.26%，N_1A 和 N_2A 的果实氮吸收量较对照分别增加了 45.10%和 47.89%，N_3A 的根部氮吸收量较对照增加了 140.43%，空气加氧处理的植株氮吸收总量较对照显著增加，N_1A、N_2A、N_3A 和 N_4A 分别增大了 35.65%、70.44%、68.32%和 45.66%（$P<0.05$）；氧气加氧处理在第 61d 效果并不显著，仅 N_3O 的叶片氮吸收量较对照增大了 57.34%（$P<0.05$）。在移栽后第 114d，空气加氧处理的效果仍然最为显著，N_1A 的茎部氮吸收量、叶片氮吸收量、果实氮吸收量、根部氮吸收量和植株氮吸

收总量较对照分别增加了 85.59%、24.36%、64.69%、89.52%和 42.81%，N_2A 的茎部氮吸收量、叶片氮吸收量和植株氮吸收总量较对照分别增加了 151.52%、43.71%和 47.88%，N_3A 的茎部氮吸收量、叶片氮吸收量和植株氮吸收总量较对照分别增加了 120.62%、65.81%和 55.28%，N_4A 的茎部氮吸收量增加了 36.79%（$P<0.05$）；氧气加氧处理仅 N_1O 的果实氮吸收量和根部氮吸收量较对照分别增加了 51.20%和 154.24%，N_2O 的果实氮吸收量较对照增加了 57.16%（$P<0.05$）。

不同施肥量中，N_1、N_2 处理的养分吸收量较大，N_4 的较小，且施肥量对番茄养分吸收利用的影响在生长后期比较明显。在移栽后第 81d，对照处理中 N_1C 的茎部氮吸收量、叶片氮吸收量、果实氮吸收量和植株氮吸收总量较 N_4C 分别增大了 76.28%、104.04%、54.54%和 76.43%，N_1C 的叶片氮吸收量和植株氮吸收总量较 N_2C 分别增大了 50.65%和 29.14%，较 N_3C 分别增大了 108.51%和 55.25%（$P<0.05$）；氧气加氧处理条件下，N_1O 的茎部氮吸收量、叶片氮吸收量、果实氮吸收量和植株氮吸收总量较 N_4O 分别增大了 61.09%、39.26%、46.18%和 44.88%，叶片氮吸收量较 N_2O 增大了 45.73%，植株氮吸收总量较 N_3O 增大了 28.73%（$P<0.05$）；空气加氧处理条件下，施肥处理对番茄养分吸收量的影响更为显著，N_1A、N_2A 和 N_3A 的茎部氮吸收量较 N_4A 分别增大了 94.87%、78.15%和 71.71%，叶片氮吸收量分别增大了 52.35%、51.91%和 37.41%，植株氮吸收总量分别增大了 64.34%、59.86%和 31.32%，N_1O 和 N_2O 的果实氮吸收量较 N_4O 分别增大了 65.71%和 59.48%，N_2O 和 N_3O 的根部氮吸收量较 N_4O 分别增大了 121.13%和 116.90%（$P<0.05$）。而在移栽后第 114d，对照处理的 N_1C、N_2C 的叶片氮吸收量较 N_3C 和 N_4C 分别增加了 72.80%、45.15%和 82.46%、53.27%，N_2C、N_3C 的根部氮吸收量较 N_1C 和 N_4C 分别增大了 94.94%、72.25%和 85.45%、63.87%，N_1C、N_2C 的植株氮吸收总量较 N_3C 分别增大了 39.88%、27.00%，较 N_4C 分别增大了 59.00%、44.35%（$P<0.05$）；氧气加氧处理 N_1O 的茎部氮吸收量较 N_3O 和 N_4O 分别增大了 49.65%和 123.16%，N_1O 的叶片氮吸收量较 N_2O、N_3O 和 N_4O 分别增大了 59.64%、39.30%和 32.10%，氧气加氧处理的果实氮吸收量为 N_1O、N_2O 较大，较 N_3O 分别增大了 202.90%、221.71%，较 N_4O 分别增大了 120.41%、134.09%，N_1O 的根部氮吸收量较 N_2O、N_3O 和 N_4O 分别增大了 39.94%、40.17%和 74.72%，N_1O 的植株氮吸收总量较 N_3O、N_4O 分别增大了 68.80%、62.70%，N_2O 较 N_3O、N_4O 分别增大了 32.42%、27.63%（$P<0.05$）。空气加氧处理的养分吸收量受加氧灌溉的影响最为显著，N_1A、N_2A、N_3A 的茎部氮吸收量较 N_4A 分别增大了 47.05%、64.74%、51.34%，叶片氮吸收量分别增大了 75.52%、70.38%、35.43%，N_1A、N_2A 的果实氮吸收量较 N_4A 分别增大了 151.68%、93.67%，N_1A 的根部氮吸收量较 N_4A 增大了 46.98%，N_1A、N_2A 和 N_3A 的植株氮吸收总量较 N_4A 分别增大了 83.70%、72.70%和 42.79%（$P<0.05$）。

2. 对盆栽番茄磷吸收动态的影响

不同时期不同加氧量和施肥量下温室盆栽番茄的磷吸收量见图 6-19。

由图 6-19 可以看出，各处理的磷吸收量在第 61d 还没有显著差异，在第 81d 和第 114d 加氧处理较对照已有明显提升。在移栽后第 81d，空气加氧处理和氧气加氧处理的磷吸收量都有显著提高，N_1A、N_2A、N_3A、N_4A 的茎部磷吸收量、植株磷吸收总量较对照分别

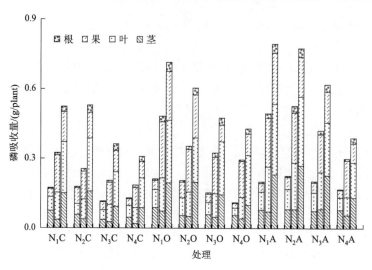

图 6-19　不同时期不同处理盆栽番茄的磷吸收量

同一处理三个柱状图从左到右依次为移栽后第 61d、移栽后第 81d 和移栽后第 114d

增加了 97.28%、111.47%、217.91%、201.10%和 51.79%、106.42%、105.71%、62.19%，N_1A、N_2A、N_3A 的叶片磷吸收量分别增加了 81.43%、75.52%、81.57%，N_2A、N_3A、N_4A 的果实磷吸收量分别增加了 81.43%、72.52%、81.57%，N_2A 的根部磷吸收量增加了 152.56%（$P<0.05$）；氧气加氧处理 N_1O、N_2O、N_3O、N_4O 的果实磷吸收量、植株磷吸收总量较对照分别增加了 49.92%、53.42%、64.34%、79.09%和 48.20%、38.44%、58.74%、59.64%，N_1O、N_3O 和 N_4O 的叶片磷吸收量分别增加了 101.07%、84.83%和 122.05%，N_1O 和 N_3O 的根部磷吸收量分别增加了 125.05%和 131.65%（$P<0.05$）。而在移栽后第 114d，加氧处理对番茄磷吸收量的影响更为明显，氧气加氧处理 N_1O 的茎部磷吸收量、果实磷吸收量、根部磷吸收量和植株磷吸收总量较对照分别增加了 29.94%、62.91%、70.92%和 36.44%，N_2O 的果实磷吸收量较对照增加了 67.07%，N_3O 的茎部磷吸收量和叶片磷吸收量分别增加了 55.61%和 53.98%，N_4O 的叶片磷吸收量、植株磷吸收总量分别增加了 68.60%、38.72%（$P<0.05$）；空气加氧处理 N_1A 的茎部磷吸收量、叶片磷吸收量、果实磷吸收量、根部磷吸收量和植株磷吸收总量较对照分别增加了 54.02%、36.91%、71.17%、66.81%和 51.58%，N_2A 分别增加了 65.93%、30.40%、53.43%、19.75%和 46.42%，N_3A 的茎部磷吸收量、叶片磷吸收量和植株磷吸收总量分别增大了 143.98%、54.11%和 71.04%（$P<0.05$）。

不同施肥量处理对番茄磷吸收的影响主要是作物干物质积累量造成的，N_1、N_2 的磷吸收量较大，N_3、N_4 较小。移栽第 81d，对照处理的 N_1 有较大改善，N_1C 的果实磷吸收量较 N_2C、N_3C 和 N_4C 分别增加了 34.93%、69.34%和 86.14%，植株磷总吸收量分别增加了 27.46%、59.10%和 75.91%（$P<0.05$）；氧气加氧处理中，N_1O 的茎部磷吸收量较 N_2O、N_3O 和 N_4O 分别增加了 44.95%、51.77%和 76.65%，果实磷吸收量分别增加了 31.85%、54.48%和 55.82%，植株磷吸收总量分别增加了 36.44%、48.53%和 63.31%，N_1O 的根部磷吸收量较 N_2O 和 N_4O 分别增加了 68.12%和 240.49%（$P<0.05$）；空气加氧处理 N_4A

最小，N_1A 的叶片磷吸收量、果实磷吸收量、根部磷吸收量和植株磷吸收总量较 N_4A 分别增加了 148.23%、33.30%、119.63%和 64.63%，N_2A 的茎部磷吸收量、叶片磷吸收量、果实磷吸收量、根部磷吸收量和植株磷吸收总量较 N_4A 分别增加了 45.81%、156.59%、37.85%、222.73%和 75.65%，N_3A 的茎部磷吸收量、叶片磷吸收量和植株磷吸收总量较 N_4A 分别增大了 47.64%、103.50%和 40.23%（$P<0.05$）。在移栽后第 114d，对照处理 N_1C、N_2C 的茎部磷吸收量较 N_3C 分别增大了 61.33%、70.39%，较 N_4C 分别增大了 69.94%、79.48%，N_1C、N_2C 的叶片磷吸收量较 N_3C 分别增大了 49.40%、54.11%，较 N_4C 分别增大了 73.76%、79.23%，N_1C 的果实磷吸收量较 N_4C 增大了 85.10%，N_2C 的根部磷吸收量较 N_1C 和 N_4C 分别增大了 38.28%和 34.69%，N_1C 的植株磷吸收总量较 N_3C、N_4C 分别增大了 44.54%、69.46%，N_2C 较 N_3C、N_4C 分别增大了 46.09%、71.27%（$P<0.05$）；在氧气加氧处理中，N_1O 的茎部磷吸收量较 N_3O、N_4O 分别增加了 34.72%、96.99%，N_2O 分别增加了 36.06%、98.96%，N_1O 的叶片磷吸收量较 N_2O 增加了 40.47%，N_1O 的果实磷吸收量较 N_3O、N_4O 分别增加了 194.99%、128.72%，N_2O 较 N_3O、N_4O 分别增加了 159.26%、101.02%，N_1O、N_2O、N_3O 的根部磷吸收量较 N_4O 分别增加了 72.13%、35.11%、34.90%，N_1O 的植株磷吸收总量较 N_3O、N_4O 分别增加了 50.44%、66.67%，N_2O 较 N_3O、N_4O 分别增加了 27.33%、41.07%（$P<0.05$）；对于空气加氧处理，N_1A 和 N_2A 的效果最为显著，N_4A 为最小，N_1A 的茎部磷吸收量、叶片磷吸收量、果实磷吸收量、根部磷吸收量和植株磷吸收总量较 N_4A 分别增大了 75.85%、100.76%、166.49%、64.08%和 104.22%，N_2A 较 N_4A 分别增大了 104.90%、97.23%、104.71%、62.87%和 99.38%，N_3A 的茎部磷吸收量、叶片磷吸收量和植株磷吸收总量较 N_4A 分别增大了 72.66%、51.25%和 59.42%（$P<0.05$）。

3. 对盆栽番茄钾素吸收动态的影响

不同时期不同加氧量和施肥量下盆栽番茄的钾吸收量见图 6-20。

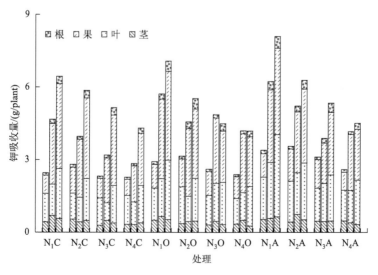

图 6-20　不同时期不同处理盆栽番茄的钾吸收量

同一处理三个柱状图从左到右依次为移栽后第 61d、移栽后第 81d 和移栽后第 114d

由图 6-20 可以看出，加氧处理下钾素吸收量在移栽第 61d 差异并不大，仅空气加氧处理的 N_1A、N_2A、N_3A 的植株钾吸收总量较对照分别增加了 38.57%、27.08%和 34.57%（$P<0.05$）。在移栽第 81d，氧气加氧处理 N_2O 的根部钾吸收量较对照增大了 131.83%，N_3O 的叶片钾吸收量、植株钾吸收总量较对照分别增大了 114.49%、52.94%，N_4O 的果实钾吸收量、植株钾吸收总量分别增大了 63.71%、48.31%（$P<0.05$）；空气加氧处理 N_1A 的叶片钾吸收量、根部钾吸收量和植株钾吸收总量较对照分别增大了 77.96%、101.11%和 33.76%，N_2A 的茎部钾吸收量、叶片钾吸收量、根部钾吸收量和植株钾吸收总量较对照分别增大了 75.67%、69.40%、99.40%和 31.98%，N_3A 的叶片钾吸收量和根部钾吸收量分别增大了 114.35%和 63.25%（$P<0.05$）。在移栽第 114d，氧气加氧处理仅 N_1O 和 N_2O 的根部钾吸收量较对照分别增大了 42.52%和 39.78%（$P<0.05$）；空气加氧处理 N_1A 的叶片钾吸收量、根部钾吸收量和植株钾吸收总量较对照分别增大了 65.33%、56.63%和 25.80%，N_2A 的叶片钾吸收量增大了 35.58%，N_3A 的根部钾吸收量和植株钾吸收总量分别增大了 26.55%和 45.22%（$P<0.05$）。

不同施肥处理对番茄钾素的影响在移栽第 81d 和第 114d 比较显著，表现出 N_1 处理最大、N_4 处理最小的趋势。在移栽第 81d，对照处理 N_1C 的茎部钾吸收量、根部钾吸收量较 N_4C 分别增大了 115.36%、83.73%，叶片钾吸收量较 N_3C 增大了 76.99%，植株钾吸收总量较 N_3C 增大了 46.33%，N_1C、N_2C 的果实钾吸收量和植株钾吸收总量较 N_4C 分别增加了 68.35%、61.55%和 64.46%、39.81%（$P<0.05$）；氧气加氧处理番茄的根部钾吸收量在不同施肥量下表现显著，N_1O 和 N_2O 较 N_3O 分别增大了 54.77%和 104.15%，较 N_4O 分别增大了 74.19%和 129.77%，N_1A 的植株钾吸收总量较 N_4A 增大了 36.05%（$P<0.05$）。空气加氧处理 N_2A 的茎部钾吸收量较 N_3A、N_4A 分别增大了 65.34%、87.99%，N_1A 的叶片钾吸收量较 N_2A、N_3A 和 N_4A 分别增大了 34.35%、46.94%和 72.84%，N_1A 的果实钾吸收量较 N_3A 增大了 79.74%，N_1A、N_2A、N_3A 的根部钾吸收量较 N_4A 分别增大了 211.98%、119.96%、82.24%，N_1A 的植株钾吸收总量较 N_3A 和 N_4A 分别增大了 60.08%和 49.45%（$P<0.05$）。在移栽第 114d，不同施肥量对作物钾吸收量的影响更为显著，对照处理 N_1C 的茎部钾吸收量、叶片钾吸收量和果实钾吸收量较 N_4C 分别增大了 47.02%、33.21%和 62.48%，茎部钾吸收量和叶片钾吸收量较 N_3C 分别增大了 50.43%和 32.44%，N_1C、N_2C 和 N_3C 的根部钾吸收量较 N_4C 分别增大了 41.71%、43.28%和 39.53%，N_1C 和 N_2C 的植株钾吸收总量较 N_4C 分别增大了 49.53%和 36.07%（$P<0.05$）；氧气加氧处理中，N_1O 的茎部钾吸收量较 N_3O、N_4O 分别增大了 63.78%、104.81%，N_2O 分别增大了 45.18%、81.56%，N_1O 的叶片钾吸收量较 N_2O、N_3O 和 N_4O 分别增大了 38.74%、40.01%和 49.71%，N_1O 的植株钾吸收总量分别增大了 128.08%、57.29%和 68.67%，N_1O 的果实钾吸收量较 N_3O、N_4O 分别增大了 72.45%、77.65%，N_1O 的根部钾吸收量分别增大了 44.28%、82.51%，N_2O 的根部钾吸收量分别增大了 43.06%、89.97%（$P<0.05$）；空气加氧处理 N_1 和 N_2 较 N_4 有显著改善，N_1A 的茎部钾吸收量、叶片钾吸收量、根部钾吸收量和植株钾吸收总量较 N_4A 分别增大了 97.97%、84.82%、99.46%和 79.34%，N_2A 分别增大了 61.29%、27.49%、48.09%和 39.22%，N_1A 的果实钾吸收量较 N_4A 增大了 63.39%（$P<0.05$）。

6.10.4　盆栽番茄产量响应曲面分析

盆栽辣椒试验中采用的 40mg/L 加氧量和 300kg N/hm² 施肥量对作物生长、生理和产量均有负面影响，而 1.0 倍作物-蒸发皿系数的灌水量适宜作物生长。适宜的加氧量和施肥量是加氧灌溉进一步推广使用的关键。这里使用不同加氧量和施肥量下的盆栽番茄试验数据，采用产量响应曲面对适合番茄的加氧量和施肥量进行分析，获得适合番茄的加氧灌溉参数。

由图 6-21 可以看出，番茄的最优产量出现在 23.5mg/L 的加氧量和 240kg N/hm² 的施肥量处。

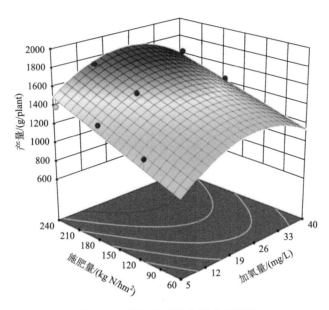

图 6-21　盆栽番茄的产量响应曲面

6.10.5　小结

（1）加氧灌溉对盆栽番茄的生物量积累、产量积累和养分吸收利用有显著的改善作用，辣椒试验中最优的组合是 N_1 和 A。

（2）加氧灌溉对作物的改善效果出现在作物的生育后期，成熟期最为显著。

（3）通过响应曲面法确定了温室辣椒产量最优的灌溉参数，为 1.0 倍作物-蒸发皿系数的灌水量、23.5mg/L 的加氧量和 240kg N/hm² 的施肥量。

第7章 加氧灌溉增产提质机理研究

结构方程模型（structural equation model，SEM），又称为潜变量模型或协方差结构模型，是一种先根据理论文献或经验法则构建具有因果关系的假设模型图，然后从一种假设的理论架构出发，通过采集变量数据，来验证这种设定的结构关系或模型假设的合理性和正确性，也就是检验样本实际协方差和理论协方差之间的差距，并试图缩到最小的过程模型。有学者将结构方程模型归纳为"三个二"，即两类变量——潜变量和观测变量；两条路径——潜变量之间和潜变量与观测变量之间的路径；两个模型——测量模型和结构模型。各个因子的含义如下。

潜变量：指无法直接观测到、需要通过设计若干指标间接测量的变量。

观测变量：指可以直接观测并测量的变量。

测量模型：反映观测变量与潜变量之间的关系。若潜变量被视作因子，则测量模型反映指标与因子之间的关系。

结构模型：反映潜变量与潜变量之间的因果关系，也称为因果模型。其中的方程称为结构方程。

基于 SEM 模型，根据土壤通气性指标变化特征、根区土壤酶活性和微生物量的变化规律、作物生长生理、产量品质和水肥利用的响应，构建土壤通气性-土壤酶和微生物-作物生长生理-作物产量和养分吸收的结构模型，揭示土壤通气性对作物产量和养分吸收利用的改善机理。

由于不同试验采用的供试作物有着不同的产量、不同的养分吸收量、不同的干生物量，为排除不同试验客观条件不同造成的差异，这里以试验为单位构建模型，主要采用的是温室微区番茄和温室盆栽辣椒试验的数据。

本章研究中测量的土壤通气性指标包括土壤充气孔隙度、溶解氧浓度、氧气扩散速率、氧化还原电位和土壤呼吸速率等，通气性指标种类较多，各土壤通气性指标的单位与量级也各不相同，缺乏综合性，为解决各通气性指标可综合性的问题，需要对各通气性指标进行数据标准化处理，这里采用极值法进行处理。其公式如下：

$$S(x_i) = \frac{x_i}{x_{i\max}} \tag{7-1}$$

式中，i 为同一土壤通气性指标的重复个数；$S(x_i)$ 为土壤通气性标准值；x_i 为该土壤通气性指标的值；$x_{i\max}$ 为该土壤通气性指标的最大值。

土壤酶活性、微生物量和作物生长生理指标也按照同样的方法进行数据标准化处理。

7.1 加氧灌溉对温室微区番茄土壤环境的改善机理分析

由于温室微区番茄试验设置了灌水量、加氧量和施肥量三个处理，该部分研究拟采用的结构方程模型（概念模型）如图 7-1 所示。

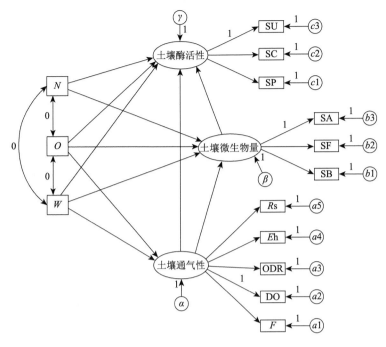

图 7-1　加氧灌溉对温室微区番茄土壤环境改善的结构方程模型（概念模型）

SU，土壤脲酶活性；SC，土壤过氧化氢酶活性；SP，土壤磷酸酶活性；SA，土壤放线菌数量；SF，土壤真菌数量；
SB，土壤细菌数量；F，土壤充气孔隙度；DO，土壤溶解氧浓度；ODR，土壤氧气扩散速率；Eh，土壤氧化还原电位；
Rs，土壤呼吸速率；O，加氧量；N，施肥量；W，灌水量；a、b、c、α、β、γ，残差项；下同

概念模型构建之后需要对模型进行校验和修正，除个别不显著但符合客观规律的路径之外，修正后各路径系数的 P 值均为极显著（$P<0.01$），最终成果如图 7-2 所示。

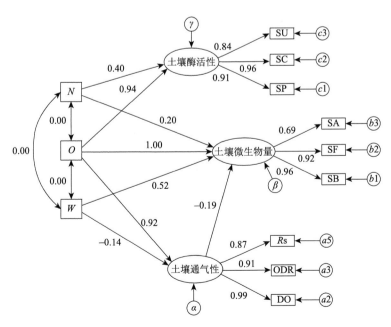

图 7-2　加氧灌溉对温室微区番茄土壤环境改善的结构方程模型（修正模型）

模型输出结果显示，该结构模型的卡方自由度比值为 4.10，小于可接受标准 5；显著性概率值 $P = 0.106$，大于标准值 0.05，接受虚无假设，说明模型和样本数据间可以适配。RMSEA = 0.078，处于 0.06～0.08，模型适配效果良好（舒树淼等，2016）。

和温室盆栽辣椒模型情况相似，使用 DO、ODR 和 R_s 来估计影响土壤环境的土壤通气性是可行的，其中 DO、ODR 和 R_s 对土壤通气性估计的因子载荷量分别为 0.99、0.91 和 0.87（$P<0.01$）。三种酶活性 SU、SC 和 SP 对土壤酶活性的估计也是可行的，因子载荷量分别为 0.84、0.96 和 0.91（$P<0.01$）。而 SB、SF 和 SA 对土壤微生物量的估计同样极显著（$P<0.01$），SB 和 SF 受土壤微生物量的影响比较大，因子载荷量分别为 0.96 和 0.92，SA 影响稍小，因子载荷量为 0.69。

加氧量对土壤通气性、土壤微生物量和土壤酶活性的影响系数分别为 0.92、1.00 和 0.94（$P<0.01$）；施肥量对土壤微生物量和土壤酶活性的影响系数分别为 0.20 和 0.40（$P<0.01$）；灌水量对土壤微生物量的影响系数为 0.52（$P<0.01$），对土壤通气性的影响系数为−0.14，但并不显著（$P = 0.105$）。土壤通气性对土壤微生物量的影响系数为−0.19，但并不显著（$P = 0.101$）。

总的来说，加氧量对土壤通气性、土壤微生物量和土壤酶活性均有正面影响，且影响程度较大，影响系数均在 0.90 以上；施肥量对土壤通气性无影响，对土壤微生物量和土壤酶活性的影响系数分别为 0.20 和 0.40；灌水量对土壤通气性有一定的负面影响，影响系数为−0.14，对土壤微生物量的影响系数为 0.52。在温室微区番茄试验中，加氧量是土壤通气性改善的主要推动力，灌水量对土壤通气性有一定的负面影响；土壤酶活性的改善由加氧量和施肥量共同造成，其中加氧量贡献多数；土壤微生物量的改善由加氧量、施肥量和灌水量共同造成，三者的贡献大小依次为加氧量＞灌水量＞施肥量。

7.2　加氧灌溉对温室微区番茄生长生理的改善机理分析

温室微区番茄盆栽试验设置加氧量、施肥量和灌水量三因素两水平完全随机试验，拟采用的结构方程模型（概念模型）和温室盆栽辣椒不同，具体如图 7-3 所示。

结构方程模型（概念模型）构建之后对模型进行校验和修正，除个别不显著但符合客观规律的路径之外，修正后各路径系数的 P 值均为极显著（$P<0.01$），由于地上地下部生物量对作物生长的影响均不显著，这里对该部分潜变量进行了修改，最终成果如图 7-4 所示。

模型输出结果显示，该结构模型的卡方自由度比值为 2.13，小于可接受标准 5；显著性概率值 $P = 0.097$，大于标准值 0.05，接受虚无假设，说明模型和样本数据间可以适配。RMSEA = 0.082，处于 0.08～0.10，模型适配效果可以接受（舒树淼等，2016）。

由结构方程模型拟合结果可知，使用 Nu、Pu 和 Ku 来估计影响番茄生长的番茄养分吸收是可行的，其中 Nu、Pu 和 Ku 对番茄养分吸收估计的因子载荷量分别为 0.96、0.96 和 0.97（$P<0.01$）。Pr、Tr 和 Ra 对番茄生理的估计也是可行的，因子载荷量分别为 0.95、0.96 和 0.75（$P<0.01$）。Y、VC 和 P 对番茄产量品质的估计同样极显著（$P<0.01$），因子载荷量分别为 1.00、0.87 和 0.96。

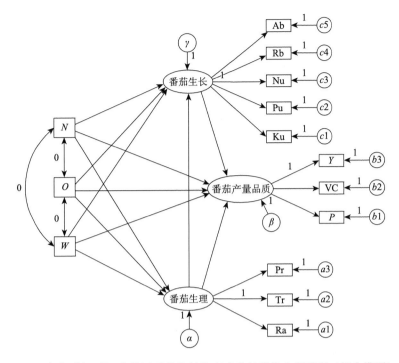

图 7-3 加氧灌溉对温室微区番茄生长生理改善的结构方程模型（概念模型）

Ab，地上部生物量；Rb，地下部生物量；Nu，植株氮吸收量；Pu，植株磷吸收量；Ku，植株钾吸收量；Y，产量；
VC，果实维生素 C 含量；P，果实可溶性蛋白质含量；Pr，净光合速率；Tr，蒸腾速率；Ra，根系活力；O，加氧量；
N，施肥量；W，灌水量；a、b、c、α、β、γ，残差项；下同

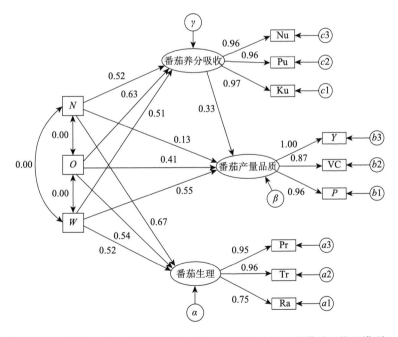

图 7-4 加氧灌溉对温室微区番茄生长生理改善的结构方程模型（修正模型）

加氧量对番茄生理、番茄养分吸收的影响系数分别为 0.54、0.63（$P<0.01$），对番茄产量品质的影响系数为 0.41（$P<0.05$）；施肥量对番茄生理、番茄养分吸收和番茄产量品质的影响系数分别为 0.67、0.52 和 0.13（$P<0.01$）；灌水量对番茄生理、番茄养分吸收和番茄产量品质的影响系数为 0.52、0.51 和 0.55（$P<0.01$）。番茄养分吸收对番茄产量品质的影响极显著，系数为 0.33（$P<0.01$）。

在温室微区番茄试验中，番茄养分吸收受到加氧量、施肥量和灌水量的影响都很显著，影响程度也很相近；番茄生理的情况和番茄养分吸收相似，受加氧量、施肥量和灌水量的影响基本相同；而番茄产量品质受加氧量的影响比较大，加氧量对番茄产量品质的影响包括直接影响和由加氧量→番茄养分吸收→番茄产量品质的间接影响两部分，总影响系数为 0.618，施肥量和灌水量的影响系数分别为 0.13 和 0.55。

7.3　加氧灌溉对温室微区番茄产量、品质的改善路径分析

在前文中运用 SEM 模型对加氧灌溉改善土壤环境和生长生理的机理进行分析之后，构建土壤环境-作物生长生理-作物产量和养分吸收的结构模型，分析以增产提质为导向的加氧灌溉对作物的改善路径。由于温室微区番茄试验设置的水、肥、气三因素较为全面，这里使用温室微区番茄的数据进行分析。

在涉及土壤环境、作物生长生理、作物产量和养分吸收等多指标的情况下，生物试验各指标之间互相影响、关系复杂，采用潜变量-观测变量的结构构建结构方程模型对数据量的要求较高，数据量不足会导致模型耦合情况较差，可信度不高，这里采用观测变量-观测变量的结构构建结构模型，分析加氧灌溉改善产量品质的主要路径，以及水、肥、气各处理对产量品质改善所做的贡献。

7.3.1　土壤通气性、酶活性、微生物量和植株养分数据的指数化处理

本章研究中测量的土壤通气性指标包括土壤充气孔隙度、溶解氧浓度、氧气扩散速率、氧化还原电位和土壤呼吸速率等，通气性指标种类较多，作用也各不相同，与土壤-作物其他指标的相关关系并不一致，单一的土壤通气性指标不能全面反映土壤通气性对土壤-作物的改善效果，故使用土壤通气性指数（soil aeration index，SAI）判别各处理下土壤通气性指标的综合作用。这里使用各土壤通气性指标的标准化数据，通过计算主成分贡献率和累计贡献率，利用主成分分析因子载荷得到各因子权重，公式如式（7-2）所示：

$$W_j = \frac{C_j}{C} \tag{7-2}$$

式中，j 为土壤通气性指标个数；W_j 为各通气性指标权重；C_j 为各通气性指标公因子方差；C 为所有通气性指标的公因子方差之和。

然后进行加权，得到土壤通气性指数（SAI），以全面地反映土壤的通气性状况。加权公式如下：

$$SAI = \sum_{i}^{n}[W_j \times SA(x_i)]　\qquad（7\text{-}3）$$

式中，$SA(x_i)$ 为土壤通气性标准值。

参考前文各部分改善效应分析中土壤通气性和作物生长生理各指标的相关关系，这里选取土壤溶解氧浓度、氧气扩散速率和土壤呼吸速率三个指标进行土壤通气性指数计算。数据标准化之后不同处理对土壤通气性指数的影响如图 7-5 所示。

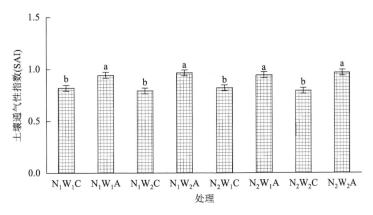

图 7-5　不同处理温室微区番茄的土壤通气性指数

不同的小写字母表示 $P < 0.05$ 水平存在显著性差异，下同

由图 7-5 可知，N_1W_1C、N_1W_1A、N_1W_2C、N_1W_2A、N_2W_1C、N_2W_1A、N_2W_2C 和 N_2W_2A 的土壤通气性指数分别为 0.82、0.94、0.79、0.96、0.82、0.94、0.79 和 0.96，加氧处理要显著大于对照处理，符合前文分析的加氧处理对土壤通气性具有改善效应。土壤通气性指数的拟合符合数据要求和客观规律。

使用相同的方法将土壤脲酶、过氧化氢酶和磷酸酶活性指数化为土壤酶活性指数（soil enzyme index，SEI），不同处理温室微区番茄的土壤酶活性指数见图 7-6。

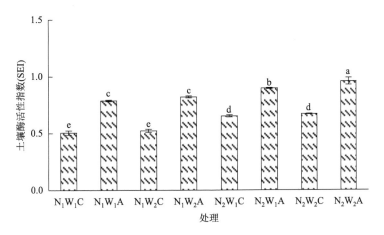

图 7-6　不同处理温室微区番茄的土壤酶活性指数

　　由图 7-6 可以看出，N_1W_1C、N_1W_1A、N_1W_2C、N_1W_2A、N_2W_1C、N_2W_1A、N_2W_2C 和 N_2W_2A 的土壤酶活性指数分别为 0.50、0.79、0.52、0.82、0.65、0.90、0.67 和 0.96，各处理中为 N_2W_2A 最大、N_1W_1C 最小，加氧量和施肥量对土壤酶活性指数的影响比较显著，而灌水量的影响仅为 N_2W_2A 显著大于 N_2W_1A，这与前文中分析的土壤脲酶、过氧化氢酶和磷酸酶活性情况类似。

　　由前文中温室微区番茄土壤微生物的分析可知，土壤细菌和真菌数量受加氧灌溉的影响较大，放线菌受到的影响不显著，这里将土壤细菌和真菌数量进行指数化，建立土壤微生物指数（soil microbial index，SMI）衡量土壤微生物量的情况，如图 7-7 所示。

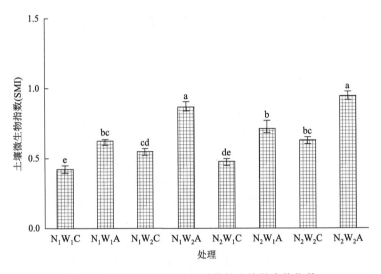

图 7-7　不同处理温室微区番茄的土壤微生物指数

　　由图 7-7 可见，各处理的土壤微生物指数中，N_2W_2A 和 N_1W_2A 最大，N_1W_1C 和 N_2W_1C 最小，符合各微生物量的分析结果。加氧量对微生物量的影响最为显著，N_1W_1A、N_1W_2A、N_2W_1A 和 N_2W_2A 较对照组均显著增加。灌水量对土壤微生物量的影响也可以表现出来，N_1W_2C、N_1W_2A、N_2W_2C 和 N_2W_2A 较 W_1 处理显著提高。施肥量对土壤微生物量的影响不明显，各施肥处理的土壤微生物指数无显著差异。

　　将温室微区番茄植株氮、磷、钾吸收总量进行指数化，综合衡量加氧灌溉对养分吸收的影响，养分吸收指数（nutrient uptake index，NUI）如图 7-8 所示。

　　由图 7-8 可知，各处理的养分吸收指数为 N_2W_2A 最大、N_1W_1C 最小，加氧灌溉对温室微区番茄养分吸收利用的影响在 N_2W_2A 最为显著，与前文数据分析结果一致。加氧量对养分吸收的影响显著，N_1W_1A、N_1W_2A、N_2W_1A 和 N_2W_2A 较对照组均显著增加。灌水量对养分吸收的影响在加氧处理中较为明显，N_1W_2A 和 N_2W_2A 较 W_1 处理显著提高。施肥量的增高也促进了对养分的吸收，N_2W_1C、N_2W_1A、N_2W_2C 和 N_2W_2A 较 N_1 处理显著提高。

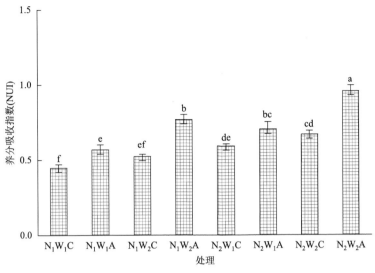

图 7-8　不同处理温室微区番茄的养分吸收指数

7.3.2　加氧灌溉对温室微区番茄土壤-作物改善的结构模型构建

以温室微区番茄试验三种处理因子（施肥量、加氧量和灌水量）对土壤-作物指标的影响为依据，构建施肥量、加氧量和灌水量对土壤-作物改善的结构模型，初步形式如图 7-9 所示。

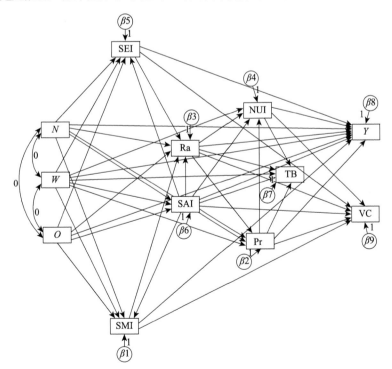

图 7-9　加氧灌溉土壤-作物改善结构模型（概念模型）

SAI，土壤通气性指数；N，施肥量；W，灌水量；O，加氧量；SEI，土壤酶活性指数；SMI，土壤微生物指数；Ra，根系活力；TB，植株总生物量；Pr，净光合速率；NUI，养分吸收指数；Y，产量；VC，维生素 C 含量；β1～β9，残差项；下同

可以看到，由于各项指标之间的路径过多，路径之间发生重叠，自由度和模型的精确度和耦合效果会受到影响，需要对模型进行调试，删除不显著的路径并调节各指标的路径关系，经过修正以后，各路径系数的 P 值均为极显著（$P<0.01$），最终成果如图 7-10 所示。

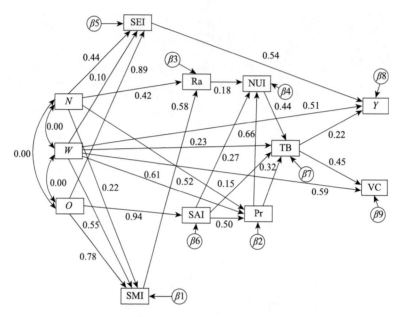

图 7-10　加氧灌溉土壤–作物改善结构模型（修正模型）

模型输出结果显示，该结构模型的卡方自由度比值为 2.63，小于可接受标准 5；显著性概率值 $P = 0.089$，大于标准值 0.05，接受虚无假设，说明模型和样本数据间可以适配。RMSEA = 0.097，处于 0.08～0.10，模型适配效果是可以接受的。

7.3.3　加氧灌溉对温室微区番茄土壤–作物的改善路径分析

表 7-1 列出加氧灌溉下施肥量、灌水量和土壤通气性指数对土壤–作物影响的直接效应、间接效应和总效应值。

表 7-1　加氧灌溉土壤–作物改善直接效应、间接效应和总效应

作用效果	因子	W	O	N	SAI	SMI	Pr	Ra	NUI	TB	SEI
	SAI	0	0.943	0	0	0	0	0	0	0	0
	SMI	0.550	0.778	0.217	0	0	0	0	0	0	0
直接效应	Pr	0.610	0	0.523	0.503	0	0	0	0	0	0
	Ra	0	0	0.417	0	0.579	0	0	0	0	0
	NUI	0	0	0	0.269	0	0.660	0.176	0	0	0
	TB	0.229	0	0	0.154	0	0.324	0	0.439	0	0

作用效果	因子	W	O	N	SAI	SMI	Pr	Ra	NUI	TB	SEI
直接效应	SEI	0.104	0.888	0.437	0	0	0	0	0	0	0
	VC	0.588	0	0	0	0	0	0	0	0.452	0
	Y	0.511	0	0	0	0	0	0	0	0.223	0.544
间接效应	SAI	0	0	0	0	0	0	0	0	0	0
	SMI	0	0	0	0	0	0	0	0	0	0
	Pr	0	0.474	0	0	0	0	0	0	0	0
	Ra	0.319	0.45	0.126	0	0	0	0	0	0	0
	NUI	0.459	0.646	0.441	0.332	0.102	0	0	0	0	0
	TB	0.399	0.582	0.363	0.426	0.045	0.289	0.077	0	0	0
	SEI	0	0	0	0	0	0	0	0	0	0
	VC	0.284	0.263	0.164	0.263	0.02	0.277	0.035	0.199	0	0
	Y	0.197	0.613	0.319	0.13	0.01	0.137	0.017	0.098	0	0
总效应	SAI	0	0.943	0	0	0	0	0	0	0	0
	SMI	0.550	0.778	0.217	0	0	0	0	0	0	0
	Pr	0.610	0.474	0.523	0.503	0	0	0	0	0	0
	Ra	0.319	0.45	0.543	0	0.579	0	0	0	0	0
	NUI	0.459	0.646	0.441	0.607	0.102	0.66	0.176	0	0	0
	TB	0.628	0.582	0.363	0.58	0.045	0.613	0.077	0.439	0	0
	SEI	0.104	0.888	0.437	0	0	0	0	0	0	0
	VC	0.872	0.263	0.164	0.263	0.02	0.277	0.035	0.199	0.452	0
	Y	0.708	0.613	0.319	0.13	0.01	0.137	0.017	0.098	0.223	0.544

注：表中数据因数值修约存在误差。

由表 7-1 可以看出，灌水量 W 对产量 Y 的总效应为 0.708，其中 $W \rightarrow Y$ 的直接效应为 0.511，间接效应为 0.197，间接效应共有五条影响路径，其中 $W \rightarrow SEI \rightarrow Y$ 的间接效应为 $0.104 \times 0.544 = 0.057$，$W \rightarrow TB \rightarrow Y$ 的间接效应为 $0.229 \times 0.223 = 0.051$，$W \rightarrow Pr \rightarrow TB \rightarrow Y$ 的间接效应为 $0.610 \times 0.324 \times 0.223 = 0.044$，$W \rightarrow Pr \rightarrow NUI \rightarrow TB \rightarrow Y$ 的间接效应为 $0.610 \times 0.660 \times 0.439 \times 0.223 = 0.039$，$W \rightarrow SMI \rightarrow Ra \rightarrow NUI \rightarrow TB \rightarrow Y$ 的间接效应为 $0.550 \times 0.579 \times 0.176 \times 0.439 \times 0.223 = 0.005$。加氧量 O 对产量 Y 的直接效应不显著，总效应 0.613 全部由间接效应组成，共有六条影响路径，其中 $O \rightarrow SEI \rightarrow Y$ 的间接效应为 $0.888 \times 0.544 = 0.483$，$O \rightarrow SAI \rightarrow TB \rightarrow Y$ 的间接效应为 $0.943 \times 0.154 \times 0.223 = 0.032$，$O \rightarrow SAI \rightarrow NUI \rightarrow TB \rightarrow Y$ 的间接效应为 $0.943 \times 0.269 \times 0.439 \times 0.223 = 0.025$，$O \rightarrow SAI \rightarrow Pr \rightarrow NUI \rightarrow TB \rightarrow Y$ 的间接效应为 $0.943 \times 0.503 \times 0.660 \times 0.439 \times 0.223 = 0.031$，$O \rightarrow SAI \rightarrow Pr \rightarrow TB \rightarrow Y$ 的间接效应为 $0.943 \times 0.503 \times 0.324 \times 0.223 = 0.034$，$O \rightarrow SMI \rightarrow Ra \rightarrow NUI \rightarrow TB \rightarrow Y$ 的间接效应为 $0.778 \times 0.579 \times 0.176 \times 0.439 \times 0.223 = 0.008$。施肥量 N 对产量 Y 的直接效应不显著，总效应 0.319 全部由间接效应组成，共有五条影响路径，其中 $N \rightarrow SEI \rightarrow Y$ 的间接效应为 $0.437 \times 0.544 = 0.238$，

$N \to Ra \to NUI \to TB \to Y$ 的间接效应为 $0.417 \times 0.176 \times 0.439 \times 0.223 = 0.007$，$N \to Pr \to NUI \to TB \to Y$ 的间接效应为 $0.523 \times 0.660 \times 0.439 \times 0.223 = 0.034$，$N \to Pr \to TB \to Y$ 的间接效应为 $0.523 \times 0.324 \times 0.223 = 0.038$，$N \to SMI \to Ra \to NUI \to TB \to Y$ 的间接效应为 $0.217 \times 0.579 \times 0.176 \times 0.439 \times 0.223 = 0.002$。分析加氧灌溉下灌水量、加氧量和施肥量对产量的影响，W、O 和 N 分别占了对产量贡献的 43.17%、37.38% 和 19.45%，灌水量和加氧量对产量的贡献占据了大部分，施肥量占据了小部分。加氧灌溉改善了土壤根区环境，促进了根系生长，提高了作物的生物量积累，进而对产量产生正面影响。W、O 和 N 经由 SEI、SMI 和 SAI 对 Y 造成的贡献占据了对 Y 总贡献的 55.85%，经由 Ra、Pr 和 TB 对 Y 造成的贡献占据了总贡献的 20.43%，加氧灌溉对土壤环境的改善以及由之而来的对作物生长生理的改善是番茄增产的关键。

通过分析各指标对 VC 含量的效应反映加氧灌溉对作物品质的影响。可以看出，灌水量 W 对 VC 的总效应为 0.872，其中 $W \to VC$ 的直接效应为 0.588，间接效应为 0.284，间接效应共有四条影响路径，其中 $W \to TB \to VC$ 的间接效应为 $0.229 \times 0.452 = 0.104$，$W \to Pr \to TB \to VC$ 的间接效应为 $0.610 \times 0.324 \times 0.452 = 0.089$，$W \to Pr \to NUI \to TB \to VC$ 的间接效应为 $0.610 \times 0.660 \times 0.439 \times 0.452 = 0.080$，$W \to SMI \to Ra \to NUI \to TB \to VC$ 的间接效应为 $0.55 \times 0.579 \times 0.176 \times 0.439 \times 0.452 = 0.011$。加氧量 O 对 VC 的直接效应不显著，总效应 0.263 全部由间接效应组成，共有五条影响路径，其中 $O \to SAI \to NUI \to TB \to VC$ 的间接效应为 $0.943 \times 0.269 \times 0.439 \times 0.452 = 0.050$，$O \to SAI \to TB \to VC$ 的间接效应为 $0.943 \times 0.154 \times 0.452 = 0.066$，$O \to SAI \to Pr \to TB \to VC$ 的间接效应为 $0.943 \times 0.503 \times 0.324 \times 0.452 = 0.069$，$O \to SAI \to Pr \to NUI \to TB \to VC$ 的间接效应为 $0.943 \times 0.503 \times 0.660 \times 0.439 \times 0.452 = 0.062$，$O \to SMI \to Ra \to NUI \to TB \to VC$ 的间接效应为 $0.778 \times 0.579 \times 0.176 \times 0.439 \times 0.452 = 0.016$。施肥量 N 对 VC 的直接效应不显著，总效应 0.164 全部由间接效应组成，共四条影响路径，其中 $N \to Ra \to NUI \to TB \to VC$ 的间接效应为 $0.417 \times 0.176 \times 0.439 \times 0.452 = 0.015$，$N \to Pr \to NUI \to TB \to VC$ 的间接效应为 $0.523 \times 0.660 \times 0.439 \times 0.452 = 0.068$，$N \to Pr \to TB \to VC$ 的间接效应为 $0.523 \times 0.324 \times 0.452 = 0.077$，$N \to SMI \to Ra \to NUI \to TB \to VC$ 的间接效应为 $0.217 \times 0.579 \times 0.176 \times 0.439 \times 0.452 = 0.004$。分析加氧灌溉下加氧量、施肥量和灌水量对 VC 的影响，W、O 和 N 分别占对 VC 贡献的 67.12%、20.25% 和 12.63%，灌水量对作物品质的贡献占据大部分，加氧量和施肥量占据了小部分。在对品质的改善效应中，经由 SEI、SMI 和 SAI 对 VC 造成的贡献占总贡献的 21.40%，经由 Pr 对 VC 造成的贡献占总贡献的 34.33%，由 W 直接对 VC 造成的贡献占总贡献的 44.27%。加氧灌溉通过对根区环境的改善促进了作物的生理活动，进而对作物的果实品质造成正面影响，灌水量对 VC 含量的影响最为明显。

7.4　小　　结

（1）在加氧灌溉中，加氧量是土壤通气性改善的主要推动力，灌水量对土壤通气性有一定的负面影响；土壤酶活性的改善由加氧量和施肥量共同造成；土壤微生物量的改善由加氧量、施肥量和灌水量共同造成。养分吸收的改善由加氧量、施肥量和灌水量共同造成，产量品质受加氧量和灌水量的正面影响比较大。

（2）由结构方程模型路径分析可知，加氧灌溉经由对土壤通气性、土壤酶活性和微生物量的改善对产量做出的贡献占总贡献的 55.85%，对 VC 含量做出的贡献占总贡献的 21.40%，经由根系生长、作物生物量积累和作物净光合速率的改善对产量做出的贡献占总贡献的 20.43%，经由净光合速率的改善对 VC 含量做出的贡献占总贡献的 34.33%，灌水量对 VC 含量的直接贡献占总贡献的 44.27%。加氧灌溉对根区土壤环境的改善以及由此而来的对作物生长生理的改善是番茄增产提质的关键。

第8章 加氧灌溉主要温室气体产排效应研究

8.1 加氧灌溉条件下土壤 N_2O 排放特征及影响因素分析

8.1.1 试验内容

为了明确加氧灌溉对土壤 N_2O 排放的影响，试验于设施菜地采集原状土进行室内恒温培养，通过对 N_2O 排放通量及相关物理、化学和生物学因子的监测，拟明确加氧灌溉下土壤 N_2O 排放特征，并分析 N_2O 排放与土壤物理、化学和生物学因子之间的相关关系，辨识加氧灌溉下土壤 N_2O 排放的主要影响因子。

8.1.2 试验概况

试验于郑州设施菜地采集原状土，土柱直径为 30cm、高度为 40cm，在华北水利水电大学农业高效用水试验场现代化温室中（34°47′23″N，113°47′20.15″E）开展培养试验。供试土壤的砂粒（0.02～2mm）、粉粒（0.002～0.02mm）和黏粒（<0.002mm）质量分数分别为 42.87%、35.26%和 21.87%，为壤质黏土。土壤的田间持水量 36.64%，土壤容重 1.20g/cm³，硝态氮 5.68mg/kg，铵态氮 3.36mg/kg，速效钾 3.42mg/kg，速效磷 9.98mg/kg，有机质 21.54g/kg，pH 为 6.30。

8.1.3 试验设计

试验中采用微纳米气泡水制备技术进行曝气，设置了 2 个加氧水平和 2 个灌水量，共 4 个处理，每个处理 4 次重复。2 个加氧水平为 5mg/L（对照）和 40mg/L（加氧），2 个灌水量为模拟田间灌溉至 70%田间持水量和 90%田间持水量。供试土壤初始体积含水率为 22.17%，经预备试验计算，2 个灌水量分别为 1.0L 和 2.0L。试验中取每个土柱上层 10cm 原状土进行拌肥，称量 3.397g NH_4NO_3（相当于基肥用量 180kg N/hm^2）溶于 100mL 去离子水中，均匀喷洒于土壤表面，静置 15min，拌匀后回填于土柱至原容重。实验中采气与采土土柱分开，于灌溉后的第 0d、第 0.25d、第 0.5d、第 1d、第 2d、第 4d、第 6d 和第 8d 进行气样采集。试验中土壤温度控制为 25℃。

试验中采用的滴头为压力补偿式滴头（NETAFIM），额定流量为 2.2L/h，埋深为 5cm。滴灌毛管从距土柱上沿向下 2cm 处打孔穿出，用胶密封。首部供水压力设置为 0.10MPa。灌溉装置示意图如图 8-1 所示。

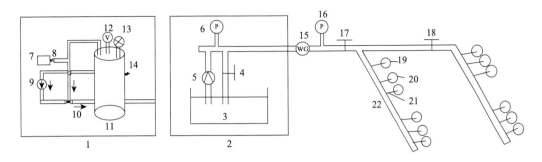

图 8-1　灌溉装置示意图

1，循环曝气装置；2，常规滴灌供水装置；3，储水箱；4，闸阀 1；5，水泵 1；6，压力表 1；7，氧气罐；8，减压阀；
9，水泵 2；10，文丘里空气射流器；11，承压水罐；12，排气阀；13，压力控制器；14，溶解氧控制器；15，水表；
16，压力表 2；17，闸阀 2；18，闸阀 3；19，压力补偿式滴头；20，土柱；21，供水毛管；22，供水干管

8.1.4　样品采集及指标测定

试验中采用静态箱原位采集气样，静态箱为圆柱形，直径 10cm，高度 15cm，于静态箱顶部打孔，装入软管和三通阀，并用胶密封。由于静态箱的尺寸较小，气体较易混匀，故不需通过静态箱顶部装入风扇使气体扰动混匀。通过预备试验，采用该装置采集气体，N_2O 浓度测量值随时间的回归系数可达 0.85 以上。每个处理随机选取 3 个盆栽进行静态箱底座的埋设，用于气样的采集。通过预备试验，以 NH_4NO_3 为供试氮肥进行加氧灌溉时，N_2O 排放峰值出现在施肥灌溉后 1d，且较为平缓，故试验中于施肥灌溉后 1d 进行气样的采集。采用 30mL 带三通阀的注射器于盖上静态箱的第 0min、第 10min、第 20min 和第 30min 分别抽取 12mL 的气体，其中 2mL 用于三通阀和针头的润洗，剩余 10mL 注入抽成真空的气瓶中。待气样采集完成后，注入 20mL 的 N_2，放入 4℃冰箱中保存，2 周内进行测试。

试验前对土柱侧壁进行压实、灌浆和凡士林浇筑，以防止灌溉过程中灌溉水沿侧壁渗漏。采气的同时监测土柱 0～10cm 的土壤含水率、溶解氧浓度和氧化还原电位。实验中采用光纤式溶解氧测量仪连接溶解氧敏感探针（PyroScience GmbH，德国 Aachen 公司）测定土壤溶解氧浓度；通过 Eh 电极（IQ150，美国 SPECTRUM 公司）监测土壤氧化还原电位；采用土壤水分速测仪（TRIME-T3/T3C，德国 TRIME-FM 公司）监测 0～10cm 的土壤平均含水率。采气的同时进行破坏性取土，对 NO_3^--N 和 NH_4^+-N 含量进行测定。土壤 NO_3^--N 和 NH_4^+-N 含量的测定以 2mol/L KCl 为提取剂，利用紫外分光光度计测定。

实验中于灌溉后 1d 采集 0～10cm 的土壤，混匀后保存于–80℃的冰箱中，用于 DNA 提取和 qPCR 分析。土壤样品中微生物 DNA 总量利用核酸测定仪（NanoDrop ND-1000 UV-Vis 分光光度计）测定。PCR 引物序列信息列于表 8-1。氨氧化古菌（AOA）和氨氧化细菌（AOB）实时定量 PCR 扩增条件均为：95℃预变性 2min，95℃ 5s，55℃ 30s，72℃ 10s，40 个循环；95℃ 15s，60℃ 15s，95℃ 15s。土壤反硝化基因 narG 和 nosZ 实时定量 PCR 扩增条件均为：95℃预变性 30s，95℃ 5s，60℃ 30s，72℃ 10s，40 个循环；95℃ 15s，60℃ 15s，95℃ 15s。

表 8-1 PCR 引物序列信息

基因	引物序列	片段 bp 长度
氨氧化古菌基因 amoA	amoA-23：ATGGTCTGGCTWAGACG amoA-616R：GCCATCCATCTGTATGTCCA	594
氨氧化细菌基因 amoA	amoA-1F：GGGGTTTCTACTGGTGGT amoA-2R：CCCCTCKGSAAAGCCTTCTTC	491
硝酸盐还原酶基因 narG	narG-571F：CCGATYCCGGCVATGTCSAT narG-773R：GGNACGTTNGADCCCCA	203
N$_2$O 还原酶基因 nosZ	nosZ-1126F：GGGCTBGGGCCRTTGCA nosZ-1381R：GAAGCGRTCCTTSGARAACTTG	256

8.1.5 相关指标计算

利用气相色谱仪（GC-2010 Plus，日本岛津公司）测定气体样品中的 N$_2$O 浓度，N$_2$O 排放通量的计算公式如式（8-1）所示：

$$F = \rho \times h \times \frac{273}{273+T} \times \frac{P}{P_0} \times \frac{dc}{dt} \tag{8-1}$$

式中，F 为 N$_2$O 排放通量，mg/(m^2·h)；ρ 为标准气体的浓度，g/cm^3，为 1.96g/cm^3；h 为土面距静态箱顶部距离，m，为 0.15m；T 为采集 N$_2$O 时静态箱内的温度，℃；P 为采集 N$_2$O 时静态箱内的压强，mm Hg；P_0 为标准大气压，mm Hg；c 为测定的气体浓度，mg/L；dc/dt 为气体浓度变化率，mg/(m^2·h)。

N$_2$O 排放总量的计算公式如式（8-2）所示：

$$E_t = \sum_{i=1}^{n} \left(\frac{F_{i+1} - F_i}{2}(t_{i+1} - t_i) \right) \tag{8-2}$$

式中，E_t 为 N$_2$O 排放总量，mg/m^2；t 为第 i 次测量的时间，h；$t_{i+1}-t_i$ 为 2 次测量之间的时间间隔，h。

土壤充水孔隙度是反映土壤水分状况的重要指标，其计算公式如式（8-3）所示：

$$\text{WFPS} = \frac{\theta_v}{1 - \dfrac{\gamma}{2.65}} \tag{8-3}$$

式中，θ_v 为土壤的体积含水率，%；γ 为土壤容重，g/cm^3。

8.1.6 加氧灌溉条件下土壤 N$_2$O 排放特征

加氧灌溉下土壤 N$_2$O 排放特征如图 8-2 所示。试验中各处理 N$_2$O 排放通量均呈现先上升后下降的变化趋势，于灌溉后 1d 出现排放峰值，之后下降，于灌溉后 4d 趋于稳定，且呈现较低排放水平。在培养期内，各处理 N$_2$O 排放通量的关系：DAW$_1$＞DCW$_1$＞DAW$_2$＞DCW$_2$。

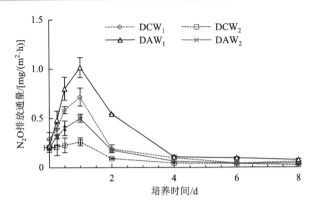

图 8-2　加氧灌溉下土壤 N_2O 排放特征

DA，加氧灌溉；DC，常规滴灌；W_1，高湿度处理；W_2，低湿度处理

表 8-2 列出了不同处理下土壤 N_2O 排放通量、排放峰值及排放总量。曝气可显著增加土壤 N_2O 的排放通量、排放峰值和排放总量（$P<0.05$）。与对照相比，W_1 和 W_2 水量下曝气处理的土壤 N_2O 排放通量、排放峰值、排放总量分别增加了 41.08% 和 58.70%、158.79% 和 167.30%、127.46% 和 97.27%。

表 8-2　不同处理下土壤 N_2O 排放通量、峰值及排放总量

处理组合	N_2O 排放通量均值/[mg/(m²·h)]	N_2O 排放峰值/[mg/(m²·h)]	N_2O 排放总量/(mg/m²)
DAW_1	0.419a	0.942a	55.16a
DAW_2	0.219b	0.425b	31.80b
DCW_1	0.297b	0.364b	24.25bc
DCW_2	0.138c	0.159c	16.12c

注：DA 为加氧灌溉；DC 为常规滴灌；W_1 为高湿度处理；W_2 为低湿度处理。

灌水量的增加可显著增加 N_2O 排放通量和排放峰值（$P<0.05$）。另外，灌水量的增加可显著提高曝气条件下的 N_2O 排放总量（$P<0.05$），而对常规滴灌的 N_2O 排放总量无显著影响（$P>0.05$）。曝气条件下高湿度处理（W_1）的 N_2O 排放总量较低湿度处理（W_2）增加了 73.46%。

8.1.7　加氧灌溉下土壤 N_2O 排放的影响因子

图 8-3 列出了加氧灌溉下土壤 N_2O 排放的物理化学因子动态（0~10cm）。

各处理的充水孔隙度随着培养时间的增加而逐渐降低 [图 8-3（a）]。加氧处理的土壤溶解氧浓度呈现"N"形变化，于灌水后 0.5d 降到最低，之后逐渐上升，于灌水后 2d 逐渐趋于稳定；常规滴灌的土壤溶解氧浓度呈现先降低后增加的变化趋势，于灌溉后 0.5d 达到最低，之后逐渐上升，于灌溉后 4d 逐渐趋于稳定 [图 8-3（b）]。培养过程中土壤氧化还原电位的变化与常规滴灌条件下土壤溶解氧浓度的变化趋势一致，但于灌水后 1d 达

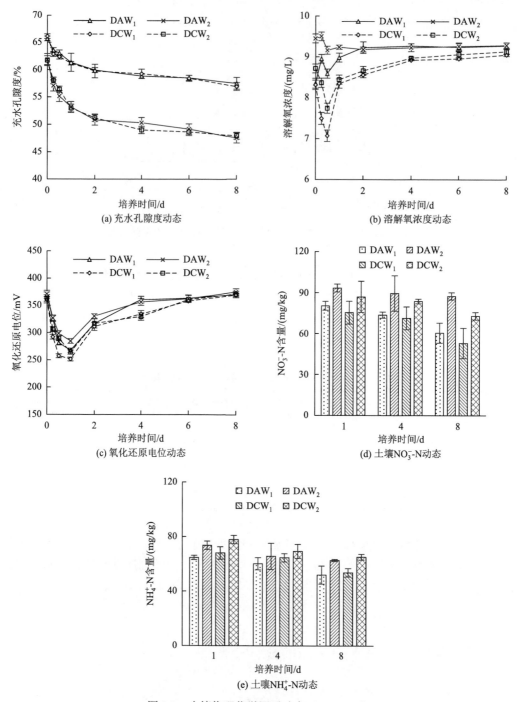

图 8-3　土壤物理化学因子动态（0～10cm）

到最低值 [图 8-3（c）]。培养期内各处理土壤溶解氧浓度和氧化还原电位的关系均为：$DAW_2 > DAW_1 > DCW_2 > DCW_1$。灌水和加氧的差异造成土壤氮素的迁移和转化。在培养过程中，土壤的 $NO_3^- \text{-} N$ 和 $NH_4^+ \text{-} N$ 含量均呈现逐渐降低的变化趋势 [图 8-3（d）和图 8-3（e）]。表 8-3 列出了培养期间不同处理的物理化学因子平均值。

表 8-3　培养期间不同处理的物理化学因子平均值

处理组合	充水孔隙度/%	溶解氧浓度/(mg/L)	氧化还原电位/mV	NO_3^--N 含量/(mg/kg)	NH_4^+-N 含量/(mg/kg)
DAW$_1$	61.06a	8.99b	331.75ab	71.43c	59.07b
DAW$_2$	53.15b	9.29a	338.24a	88.45a	67.43a
DCW$_1$	60.88a	8.34c	316.81c	66.51c	62.24ab
DCW$_2$	53.25b	8.64b	325.22b	81.13b	70.95a

加氧可显著提高土壤溶解氧浓度和氧化还原电位（$P<0.05$），改善土壤通气性，而对土壤充水孔隙度无显著影响（$P>0.05$）。W_1 水量下，曝气条件的土壤溶解氧浓度和氧化还原电位均值较对照分别提高了 7.79% 和 4.72%；W_2 水量下，加氧条件的土壤溶解氧浓度和氧化还原电位均值较对照分别提高了 7.52% 和 4.00%。水量的增加可显著增加充水孔隙度，降低土壤溶解氧浓度（$P<0.05$）。加氧条件下，W_1 水量的充水孔隙度较 W_2 增加了 14.88%，而溶解氧浓度降低了 3.23%。常规滴灌下，W_1 水量的充水孔隙度较 W_2 增加了 14.33%，而溶解氧浓度降低了 3.47%。加氧可增加土壤 NO_3^--N 含量（$P<0.05$），而对土壤 NH_4^+-N 含量无显著性影响（$P>0.05$）。低湿度处理的土壤 NO_3^--N 含量显著高于高湿度处理（$P<0.05$）。

表 8-4 列出了培养时间 1d 的土壤硝化与反硝化基因拷贝数。

表 8-4　硝化与反硝化基因拷贝数

处理	amoA（AOA）/10^8g^{-1}	amoA（AOB）/10^8g^{-1}	narG/10^8g^{-1}	nosZ/10^8g^{-1}
DAW$_1$	5.60±0.95a	1.30±0.19a	3.08±0.47a	1.47±0.22a
DAW$_2$	4.62±0.46bc	1.06±0.47a	2.66±0.62a	0.81±0.15c
DCW$_1$	5.08±0.10b	1.48±0.21a	3.45±0.12a	1.48±0.21a
DCW$_2$	4.20±0.52c	1.07±0.14a	3.07±0.15a	1.26±0.64b

加氧可显著增加高湿度处理下土壤 amoA（AOA）拷贝数，减少低湿度处理下反硝化基因 nosZ 拷贝数（$P<0.05$）。灌水量的增加可增加 amoA（AOA）拷贝数（$P<0.05$）。加氧条件下，W_1 水量的 amoA（AOA）拷贝数较 W_2 增加了 21.21%；常规滴灌条件下，W_1 水量的土壤古菌 amoA（AOA）拷贝数较 W_2 增加了 20.95%。

8.1.8　加氧灌溉下土壤 N_2O 排放与各影响因子间的关系

表 8-5 列出了 N_2O 排放与各影响因子之间的相关系数。

表 8-5　加氧灌溉下 N_2O 排放与各影响因子间的相关系数

土壤因子	充水孔隙度	溶解氧浓度	氧化还原电位	NO_3^--N 含量	NH_4^+-N 含量	amoA（AOA）	amoA（AOB）	narG	nosZ
W_1	0.849*	−0.549	−0.923**	0.717*	0.658	0.555*	−0.235	−0.269	0.178
W_2	0.877**	−0.147	−0.807*	0.622	0.530	0.849*	0.190	−0.209	−0.691

高湿度处理下，土壤充水孔隙度、$NO_3^- $-N 含量和 amoA（AOA）拷贝数均与 N_2O 排放呈显著的正相关关系（$P<0.05$），而氧化还原电位与 N_2O 排放呈极显著的负相关关系（$P<0.01$）。低湿度处理下，土壤充水孔隙度和 amoA（AOA）拷贝数与 N_2O 排放之间分别呈极显著正相关关系（$P<0.01$）和显著正相关关系（$P<0.05$），而土壤氧化还原电位与 N_2O 排放之间呈显著的负相关关系（$P<0.05$）。综上所述，试验中，土壤充水孔隙度、氧化还原电位、$NO_3^- $-N 含量和 amoA（AOA）为加氧灌溉下 N_2O 排放的主要影响因子。

8.1.9　小结

本节通过室内恒温培养试验，系统研究了加氧灌溉对土壤 N_2O 排放及相关物理、化学和生物学因子的影响，并分析了 N_2O 排放与各影响因子之间的相关关系，得到以下结论：

（1）试验中，各处理 N_2O 排放通量均呈现先增加后降低的趋势，于灌溉后 1d 达到峰值，于灌溉后的 4d 趋于稳定，且呈现较低排放水平。加氧可显著增加 N_2O 的排放通量、排放峰值和排放总量。灌水量的增加可显著增加 N_2O 的排放通量和排放峰值。

（2）灌溉造成土壤含水量增加的同时，降低了土壤溶解氧浓度和氧化还原电位。加氧可提高土壤溶解氧浓度和氧化还原电位，改善土壤通气性（$P<0.05$），而对土壤的充水孔隙度无显著影响（$P>0.05$）；低湿度处理的土壤 $NO_3^- $-N 含量显著高于高湿度处理（$P<0.05$）。

（3）通过相关性分析，土壤充水孔隙度、氧化还原电位和 $NO_3^- $-N 含量为加氧灌溉下土壤 N_2O 排放的主要理化因子。另外，amoA（AOA）对加氧灌溉下土壤 N_2O 排放起着重要的作用。

8.2　加氧灌溉对温室桶栽辣椒土壤 N_2O 排放的影响

8.2.1　试验内容

为了明确施氮、加氧和灌水对温室辣椒地土壤 N_2O 排放的影响，本节系统研究了不同水肥气组合方案对温室辣椒地土壤 N_2O 排放的影响，优化水肥气组合方案，并通过 SEM 模型分析各影响因子对土壤 N_2O 排放的综合贡献。研究结果为明确加氧灌溉下温室辣椒地土壤 N_2O 排放的影响机制和水肥气管理模式的优化提供支持。

8.2.2　试验地概况

试验于 2018 年 3 月 20 日～6 月 30 日在华北水利水电大学农业高效用水试验场现代化温室中（$34°47'23''N$，$113°47'20.15''E$）开展。试验地的年平均气温为 14.4℃，年日照时数为 2400h。辣椒生育期温室气温和湿度动态如图 8-4 所示。

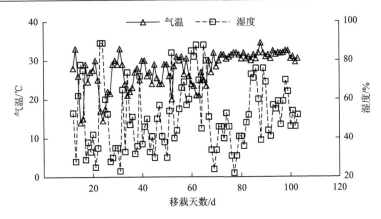

图 8-4　辣椒生育期温室气温和湿度动态

8.2.3　试验材料与试验设计

试验中供试辣椒的品种为'康大 301'（郑州郑研种苗科技有限公司）。种植桶为圆柱形，直径 30cm、高 40cm，采用全埋式布设，以模拟田间作物生长的光照和温度。供试土壤为黏质壤土，其中砂粒（0.02～2mm）、粉粒（0.002～0.02mm）和黏粒（＜0.002mm）的质量分数分别为 42.87%、35.26%和 21.87%，土壤容重 1.20g/cm^3，土壤碱解氮 38.87mg/kg，土壤速效钾 3.42mg/kg，土壤速效磷 9.98mg/kg，土壤有机质 21.54g/kg，pH 为 7.50。试验中采用地下滴灌进行灌溉，滴头型号为 NETAFIM，额定流量为 2.2L/h，滴头埋深为 10cm。

研究中设计了施氮、加氧和灌水三因素两个水平试验，共计 8 个处理，每个处理 8 次重复，采用完全随机布设。试验设计如表 8-6 所示。

表 8-6　加氧灌溉的试验设计

处理	灌水量	施氮量/(kg N/hm^2)	加氧量/(mg/L)
N_1W_1A	$1.0W$	300	40
N_1W_1C	$1.0W$	300	5
N_1W_2A	$0.6W$	300	40
N_1W_2C	$0.6W$	300	5
N_2W_1A	$1.0W$	225	40
N_2W_1C	$1.0W$	225	5
N_2W_2A	$0.6W$	225	40
N_2W_2C	$0.6W$	225	5

注：W 为充分灌溉时的灌水量。N_1 为常量施氮，N_2 为减量施氮；W_1 为充分灌溉，W_2 为非充分灌溉；A 为加氧滴灌，C 为常规滴灌。

8.2.4　试验管理

试验中采用海蓝科技微纳米气泡机（50Hz，宜兴市海蓝科技有限公司），根据变压吸附分离原理制备纯氧，通过外置的储水罐进行循环，可制备超高溶解氧微纳米气泡水。试验于循环装置出水口安装供水干管，接入压力表和水表。待灌溉水溶解氧浓度达到 40mg/L 时（约 5min）开始灌溉。首部供水压力控制为 0.10MPa。灌溉的灌水量按式（8-4）计算。

$$W = A \times E_p \times K_c \tag{8-4}$$

式中，W 为灌溉水量，mm；A 为桶栽面积，m^2；E_p 为 2 次灌溉间蒸发皿的蒸发量，mm；K_c 为蒸发皿系数，W_1 处理取 1.0 倍蒸发皿系数，W_2 处理取 60%蒸发皿系数。

试验中于每天早上 8:00 定时监测 $\Phi601$ 标准蒸发皿读数。表 8-7 列出了辣椒生育期内灌水量。

表 8-7　辣椒生育期内灌水量

灌溉日期	移栽后天数/d	灌水量/mm	
		W_1	W_2
2018-04-10	21	33.6	20.1
2018-04-19	30	40.3	24.2
2018-04-29	40	26.9	16.1
2018-05-03	44	30.3	18.2
2018-05-10	51	28.2	16.9
2018-05-16	57	34.9	20.9
2018-05-23	62	39.0	23.4
2018-05-29	70	34.3	20.6
2018-06-07	79	33.0	19.7
2018-06-13	85	32.2	19.4
2018-06-18	90	29.0	17.3
2018-06-23	95	29.6	17.8
2018-06-28	100	30.9	18.5

试验中肥料采用加氧灌溉的方式施入。供试的氮、磷和钾肥分别为 NH_4NO_3、P_2O_5 和 K_2O，于移栽后的第 21d、第 30d、第 40d、第 51d、第 62d、第 70d 和第 85d 进行施氮，施氮的比例为 2:3:2:2:3:2:1。温室辣椒的施肥方案如表 8-8 所示。

表 8-8　温室辣椒的施肥方案

移栽后天数/d	$N/(kg/hm^2)$		$P/(kg/hm^2)$ (P_2O_5)	$K/(kg/hm^2)$ (K_2O)
	N_1	N_2		
21	40	30	12.14	21.43
30	60	45	12.14	21.43
40	40	30	12.14	21.43
51	40	30	12.14	21.43
62	60	45	12.14	21.43
70	40	30	12.14	21.43
85	20	15	12.14	21.43
合计	300	225	85	150

8.2.5　指标测定及计算

试验中采用静态箱原位采集气样，静态箱为圆柱形，直径 10cm、高度 15cm，于静态箱顶部打孔，装入软管和三通阀，并用胶密封。由于静态箱的尺寸较小，气体较易混匀，故不需通过静态箱顶部装入风扇使气体扰动混匀。通过预备试验，采用该装置采集气体，N_2O 浓度测量值随时间的回归系数可达 0.85 以上。每个处理随机选取 3 个盆栽进行静态箱底座的埋设，用于气样的采集。通过预备试验，以 NH_4NO_3 为供试氮肥进行加氧灌溉时，N_2O 排放峰值出现在施肥灌溉后 1d，且较为平缓，故试验于施肥灌溉后 1d 进行气样的采集。采用 30mL 带三通阀的注射器于盖上静态箱的 0min、10min、20min 和 30min 分别抽取 12mL 的气体，其中 2mL 用于三通阀和针头的润洗，剩余 10mL 注入抽成真空的气瓶中。待气样采集完成后，注入 20mL 的 N_2，放入 4℃冰箱中保存，2 周内进行测试。

试验前对土柱侧壁进行压实、灌浆和凡士林浇筑，以防止灌溉过程中灌溉水沿侧壁渗漏。采气的同时监测土柱 0~10cm 的土壤含水率、溶解氧浓度。采用光纤式溶解氧测量仪连接溶解氧敏感探针（PyroScience GmbH，德国 Aachen 公司）测定土壤溶解氧浓度；采用土壤水分速测仪（TRIME-T3/T3C，德国 TRIME-FM 公司）监测 0~10cm 的土壤平均含水率。采气的同时进行破坏性取土，对 NO_3^--N 和 NH_4^+-N 含量进行测定。土壤 NO_3^--N 和 NH_4^+-N 含量的测定以 2mol/L KCl 为提取剂，利用紫外分光光度计测定。

氮素利用效率为作物产量和施氮量的比值，计算如式（8-5）所示：

$$NUE = \frac{Y}{F_N} \tag{8-5}$$

式中，NUE 为氮素利用效率，%；Y 为作物产量，kg/hm^2；F_N 为温室辣椒的施氮量，kg/hm^2。

单产 N_2O 排放量为土壤 N_2O 排放总量与作物产量的比值，计算如式（8-6）所示：

$$E_u = \frac{E_t}{Y} \tag{8-6}$$

式中，E_u 为单产 N_2O 排放量，mg/kg；E_t 为 N_2O 排放总量，kg/hm^2；Y 为作物产量，kg/hm^2。

8.2.6　加氧灌溉对温室辣椒地土壤 N_2O 排放的影响

图 8-5 列出了加氧灌溉下温室辣椒地土壤 N_2O 排放通量。

加氧灌溉下温室辣椒地土壤 N_2O 排放峰值出现在辣椒移栽后的 31d 和 63d，而试验中其余监测时间呈现相对较低的水平。加氧量、灌水量和施氮量的增加可显著增加温室辣椒地土壤 N_2O 排放峰值。移栽 31d 时，加氧处理的 N_2O 排放峰值较对照平均增加了 34.94%，W_1 处理的 N_2O 排放峰值较 W_2 平均增加了 64.60%，N_1 水平的 N_2O 排放峰值较 N_2 平均增加了 31.35%（$P<0.05$）；移栽 63d 时，加氧处理的 N_2O 排放峰值较对照平均增加了 34.75%，W_1 处理的 N_2O 排放峰值较 W_2 平均增加了 37.09%，N_1 水平的 N_2O 排放峰值较 N_2 平均增加了 23.12%（$P<0.05$）。

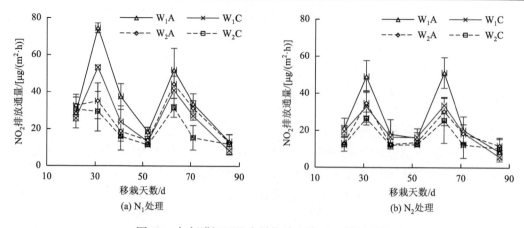

图 8-5　加氧灌溉下温室辣椒地土壤 N_2O 排放通量

N_1，常量施氮；N_2，减量施氮；W_1，充分灌溉；W_2，非充分灌溉；A，加氧滴灌；C，常规滴灌

表 8-9 列出了加氧灌溉下辣椒产量及 N_2O 排放。加氧量、灌水量和施氮量的增加可增加温室辣椒地土壤 N_2O 累积排放量。N_1 水平下，处理 W_1A 和 W_2A 的 N_2O 累积排放量较对照分别增加了 40.00% 和 34.48%（$P<0.05$）；N_2 水平下，处理 W_1A 的 N_2O 累积排放量较对照增加 21.21%，故加氧条件下 N_2O 累积排放量较对照平均增加 31.90%。N_1 水平下，处理 W_1A 和 W_1C 的 N_2O 累积排放量较 W_2 相应处理分别增加了 43.59% 和 37.93%（$P<0.05$）；N_2 水平下，处理 W_1A 和 W_1C 的 N_2O 累积排放量较 W_2 相应处理分别增加了 53.85% 和 37.50%（$P<0.05$），故充分灌溉下 N_2O 累积排放量较非充分灌溉平均增加了 43.22%。N_1 水平下 W_1A、W_1C、W_2A 和 W_2C 的 N_2O 累积排放量较 N_2 水平下各相应处理分别增加了 40.00%、21.21%、50.00% 和 20.83%（$P<0.05$），故常量施氮的 N_2O 累积排放量较减量施氮平均增加了 33.01%。

表 8-9　加氧灌溉下辣椒产量及 N_2O 排放

处理	N_2O 累积排放量 /(kg/hm²)	产量/(t/hm²)	氮素利用效率/%	单产 N_2O 排放量 /(mg/kg)
N_1W_1A	0.56±0.05a	98.94±7.62a	329.81±21.92b	5.66±0.08a
N_1W_1C	0.40±0.02b	86.72±5.97b	289.08±24.83c	4.61±0.35c
N_1W_2A	0.39±0.02b	73.12±5.84c	243.72±20.36e	5.33±0.51b
N_1W_2C	0.29±0.01c	66.43±3.36d	221.42±18.14f	4.37±0.27d
N_2W_1A	0.40±0.03b	83.19±3.01b	369.73±24.03a	4.81±0.58c
N_2W_1C	0.33±0.03c	79.13±5.84b	358.25±28.11a	4.17±0.28d
N_2W_2A	0.26±0.03cd	64.50±1.61d	282.88±16.23c	4.03±0.44de
N_2W_2C	0.24±0.02d	59.79±9.69e	265.73±38.77d	4.01±0.20e

加氧量和灌水量的增加可显著提高辣椒的氮素利用效率，而施氮量的增加降低了辣椒的氮素利用效率。N_1 水平下，处理 W_1A 和 W_2A 的氮素利用效率较对照分别提高 14.09% 和 10.07%；N_2 水平下，W_2A 的氮素利用效率较对照提高 6.45%（$P<0.05$）。N_1 水平下，

处理 W_1A 和 W_1C 的氮素利用效率较 W_2 相应处理分别提高 35.32%和 30.56%；N_2 水平下，处理 W_1A 和 W_1C 的氮素利用效率较 W_2 相应处理分别提高 30.70%和 34.82%（$P<0.05$）。N_1 水平下，处理 W_1A、W_1C、W_2A 和 W_2C 的氮素利用效率较 N_2 相应处理分别降低 10.80%、19.31%、13.84%和 16.67%（$P<0.05$）。

　　加氧量、灌水量和施氮量的增加可增加单产 N_2O 排放量。N_1 水平下，处理 W_1A 和 W_2A 的单产 N_2O 排放量较对照分别增加了 22.78%和 21.97%；N_2 水平下，处理 W_1A 的单产 N_2O 排放量较对照增加了 15.35%（$P<0.05$），而处理 W_2A 的单产 N_2O 排放量较对照无显著性差异（$P>0.05$）。N_1 水平下，处理 W_1A 和 W_1C 的单产 N_2O 排放量较 W_2 相应处理分别增加了 6.19%和 5.49%；N_2 水平下，处理 W_1A 和 W_1C 的单产 N_2O 排放量较 W_2 相应处理分别增加了 19.35%和 3.99%（$P<0.05$）。N_1 水平下，处理 W_1A、W_1C、W_2A 和 W_2C 的单产 N_2O 排放量较 N_2 相应处理分别增加了 17.67%、10.55%、32.26%和 8.98%（$P<0.05$）。

　　单产 N_2O 排放量是反映作物产量和 N_2O 排放潜力的综合指标。处理 N_2W_2A 和 N_2W_2C 的单产 N_2O 排放量均较小，且差异不显著（$P>0.05$），而处理 N_2W_2A 的产量和氮素利用效率较 N_2W_2C 分别显著提高了 7.88%和 6.45%（$P<0.05$）。综合考虑温室辣椒产量、氮素利用效率和单产 N_2O 排放量，减量施氮非充分灌溉加氧处理（N_2W_2A）是试验中推荐的加氧灌溉组合方案。

8.2.7　加氧灌溉对各影响因子的影响

　　图 8-6 列出了 N_2O 排放的物理因子动态。加氧量、灌水量和施氮量的增加对土壤温度无显著影响［图 8-6（a）和图 8-6（b）］。灌水量的增加可显著提高土壤的充水孔隙度，而加氧和施氮对充水孔隙度无显著影响［图 8-6（c）和图 8-6（d）］。N_1 水平下，处理 W_1A 和 W_1C 的平均充水孔隙度较 W_2 相应处理分别增加了 16.23%和 13.61%（$P<0.05$）；N_2 水平下，处理 W_1A 和 W_1C 的平均充水孔隙度较 W_2 相应处理分别增加了 20.30%和 19.32%（$P<0.05$）。

　　加氧可显著提高土壤溶解氧浓度，而灌水和施氮对土壤溶解氧浓度无显著影响［图 8-6（e）和图 8-6（f）］。N_1 水平下，处理 W_1A 和 W_2A 的土壤溶解氧浓度均值较对照

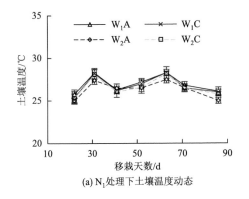

(a) N_1 处理下土壤温度动态

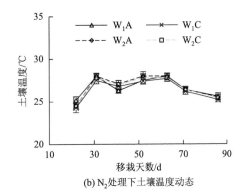

(b) N_2 处理下土壤温度动态

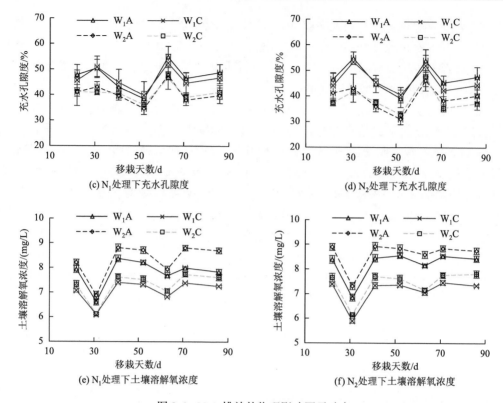

(c) N_1处理下充水孔隙度　　　　　　　　(d) N_2处理下充水孔隙度

(e) N_1处理下土壤溶解氧浓度　　　　　　(f) N_2处理下土壤溶解氧浓度

图 8-6　N_2O 排放的物理影响因子动态

分别提高了 10.68% 和 13.80%（$P < 0.05$）；N_2 水平下，处理 W_1A 和 W_2A 的土壤溶解氧浓度均值较对照分别增加了 15.05% 和 16.06%（$P < 0.05$）。

图 8-7 列出了土壤 NO_3^--N 和 NH_4^+-N 含量动态。N_1 水平的土壤 NO_3^--N 含量显著高于 N_2 ［图 8-7（a）和图 8-7（b）］。N_1 水平下处理 W_1A、W_1C、W_2A 和 W_2C 的土壤 NO_3^--N 含量分别高于 N_2 相应处理 40.28%、39.79%、21.81% 和 19.57%（$P < 0.05$）。加氧处理的土壤 NO_3^--N 含量高于对照。N_1 水平下处理 W_1A 和 W_2A 的土壤 NO_3^--N 含量分别高于对照 14.63% 和 34.52%（$P < 0.05$）；N_2 水平下处理 W_1A 和 W_2A 的土壤 NO_3^--N 含量分别高于对照 14.22% 和 32.04%（$P < 0.05$）。非充分灌溉条件下土壤 NO_3^--N 含量显著高于充分灌溉（$P < 0.05$）。

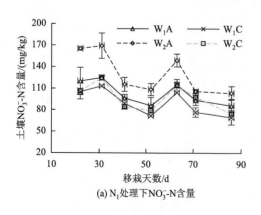

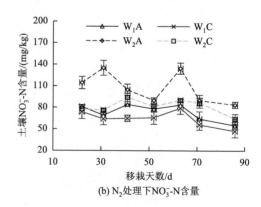

(a) N_1处理下NO_3^--N含量　　　　　　　(b) N_2处理下NO_3^--N含量

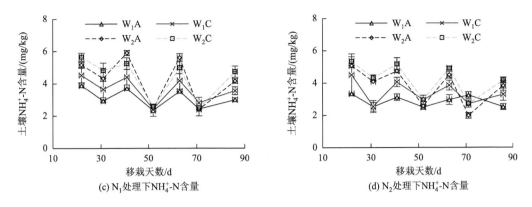

(c) N₁处理下NH₄⁺-N 含量　　　　　　(d) N₂处理下NH₄⁺-N 含量

图 8-7　土壤 NO_3^--N 和 NH_4^+-N 含量动态

整个生育期内土壤 NH_4^+-N 含量均呈现较低的水平。N_1 水平下，土壤 NH_4^+-N 含量均值在 3.11～4.36mg/kg；N_2 水平下，土壤 NH_4^+-N 含量均值在 2.88～4.22mg/kg［图 8-7（c）和图 8-7（d）］。

8.2.8　加氧灌溉下土壤 N_2O 排放的结构方程模型

加氧灌溉下土壤 N_2O 排放的结构方程模型如图 8-8 所示。

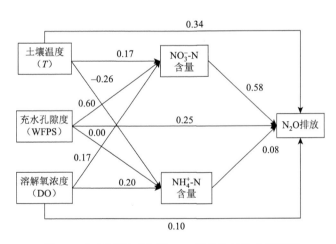

图 8-8　加氧灌溉下土壤 N_2O 排放的结构方程模型

加氧灌溉下土壤温度对 N_2O 排放的直接效应为 0.34（路径系数），且土壤温度通过 $T—NO_3^-$-N $—N_2O$ 和 $T—NH_4^+$-N $—N_2O$ 的间接效应分别为 0.10 和–0.02，故土壤温度对 N_2O 排放的总解释度为 42%。充水孔隙度对 N_2O 排放的直接效应为 0.25，且充水孔隙度通过 WFPS$—NO_3^-$-N $—N_2O$ 和 WFPS$—NH_4^+$-N $—N_2O$ 的间接效应分别为 0.35 和 0.00，故充水孔隙度对 N_2O 排放的总解释度为 60%。土壤溶解氧浓度对 N_2O 排放的直接效应为 0.10，且通过 DO$—NO_3^-$-N $—N_2O$ 和 DO$—NH_4^+$-N $—N_2O$ 的间接效应分别为 0.10 和 0.02，故土壤溶解氧浓度对 N_2O 排放的总解释度为 22%。土壤 NO_3^--N 对 N_2O 排放的总解释度为 58%，土壤 NH_4^+-N 对 N_2O 排放的总解释度为 8%。土壤温度、充水孔隙度和 NO_3^--N 含量是加氧灌溉下土壤 N_2O 排放的主要影响因子。

8.2.9　小结

（1）加氧量、施氮量和灌水量的增加会增加加氧灌溉下温室辣椒地土壤 N_2O 排放峰值、N_2O 累积排放量和单产 N_2O 排放量。加氧量和灌水量的增加可显著提高辣椒的氮素利用效率，而施氮量的增加降低了辣椒的氮素利用效率。

（2）综合考虑作物产量、氮素利用效率和单产 N_2O 排放量，试验中减量施氮非充分灌溉加氧处理是推荐的加氧灌溉组合方案。

（3）通过结构方程模型的路径分析，土壤温度、充水孔隙度和 NO_3^--N 含量对 N_2O 排放的总解释度分别为 42%、60% 和 58%，是加氧灌溉下温室辣椒地土壤 N_2O 排放的主要影响因子。

8.3　加氧灌溉对温室番茄地土壤 N_2O 排放的影响

8.3.1　试验内容

为了明确施氮、加氧和灌水对温室番茄地土壤 N_2O 排放的影响，本节设置了施氮量（低量和常量）、掺气量（对照和曝气处理）和灌水量（亏缺和充分灌溉）三因素两种水平完全随机试验系统，研究了温室番茄地土壤 N_2O 排放的特征，监测土壤理化指标，并利用 SEM 模型分析各影响因子对土壤 N_2O 排放的综合贡献。研究结果为明确加氧灌溉下温室番茄地土壤 N_2O 排放特征及其主导性影响因素和作用机制，以及设施菜地土壤 N_2O 减排调控提供科学依据。

8.3.2　试验地概况

试验于 2017 年 9 月 27 日～2018 年 1 月 28 日在华北水利水电大学农业高效用水试验场现代化温室中（34°47′23″N，113°47′20.15″E）进行。所处地理位置属温带季风气候，该地区多年平均气温 14.3℃，7 月最热，月平均气温 27.3℃，1 月最冷，月平均气温 0.1℃，无霜期 200d，全年日照时数约 2400h。番茄生育期内平均气温、湿度变化见图 8-9。温室环境湿度为 34.53%～78.93%，平均气温为 13.0～23.0℃。

8.3.3　试验材料与试验设计

供试土壤为郑州黄黏土，将 0～40cm 按照每 10cm 土层取样，土壤容重依次为 1.26g/cm³、1.48g/cm³、1.50g/cm³、1.55g/cm³。剖面土壤质地均匀，砂粒（0.02～2mm）、粉粒（0.002～

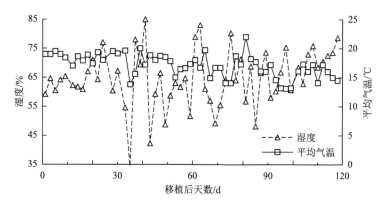

图 8-9　番茄生育期温室平均气温和湿度动态

0.02mm)、黏粒（<0.002mm）质量分数分别为 32.99%、34.03%和 32.98%。表层土壤 pH 为 6.5，有机质含量为 13.62g/kg，土壤全氮、土壤全磷、土壤全钾含量分别为 0.81g/kg、0.79g/kg 和 30.38g/kg，田间持水率（质量含水率）28%。供试番茄品种为'金鹏 8 号'。

　　研究中设计了施氮、加氧和灌水三因素两种水平试验，共计 8 个处理，每个处理 8 次重复，采用完全随机布设。试验设计如表 8-10 所示。

表 8-10　加氧灌溉的试验设计

处理	灌水量	施氮量/(kg N/hm²)	掺气比例/%
N_1CW_1	$0.6W$	135	0
N_1AW_1	$0.6W$	135	15
N_1CW_2	$0.9W$	135	0
N_1AW_2	$0.9W$	135	15
N_2CW_1	$0.6W$	180	0
N_2AW_1	$0.6W$	180	15
N_2CW_2	$0.9W$	180	0
N_2AW_2	$0.9W$	180	15

注：W 为充分灌溉时的灌水量。N_1 为减量施氮，N_2 为常量施氮；W_1 为亏缺灌溉，W_2 为充分灌溉；C 为常规滴灌，A 为加氧滴灌。

8.3.4　试验管理

　　番茄于 4 叶 1 心至 5 叶 1 心时移植。移植当天浇透底水，移植后 10d 覆膜，株高 30～40cm 时进行吊蔓，三穗时打顶。番茄生育期共计 124d，生育期划分详见表 8-11。

表 8-11　番茄生育期划分

生育期	开始日期（年-月-日）	结束日期（年-月-日）	移栽后天数/d
苗期	2017-09-27	2017-10-23	1～27
开花坐果期	2017-10-24	2017-11-08	28～43
果实膨大期	2017-11-09	2017-12-16	44～81
成熟期	2017-12-17	2017-01-28	82～124

采用的肥料为高钾型水溶性肥，硝态氮、铵态氮、脲态氮、P_2O_5、K_2O、Fe、Mn、Zn、Cu、Mo、B 的质量分数分别为 7%、1%、7%、15%、30%、0.10%、0.05%、0.15%、0.05%、0.05% 和 0.10%（施乐多，河北康拓肥料有限公司）。生育期共施肥 2 次，施肥量参见表 8-10，每次各施一半，施肥时间为移植后第 44d 和第 65d。利用施肥器将水溶肥掺入水流，在制水罐中混匀；不掺气灌溉处理利用首部供水装置进行供水；循环加氧灌溉处理利用文丘里空气射流器（Mazzei air injector 684，Mazzei Corp，美国）进行曝气：当水流经过文丘里空气射流器时，涌流致横截面积变小、流速上升，整个涌流都要在同一时间内经过管道缩小的过程，因而压力减小，产生压力差，在压力差的作用下，吸附空气，进行曝气。试验中利用制水管路、循环泵、文丘里空气射流器等设备组成的循环曝气装置曝气 20min，形成掺气比例约为 15% 的掺气水，通过地下滴灌系统供水。各小区分别供水，供水压力为 0.1MPa，采用滴水计量器计量供水量。试验中灌水下限根据径向 10cm、纵向 10cm 埋深处的张力计（12 型分体式张力计，中国农业科学院农田灌溉研究所）确定：当土壤基质势下降至 −30kPa 时开始灌溉。灌水量根据式（8-7）计算：

$$W = A \times E_p \times K_p \tag{8-7}$$

式中，W 为各处理每次的灌水量，mm；A 为小区控制面积，$2m^2$；E_p 为 1 个灌水周期内 Φ601 标准蒸发皿的蒸发量，mm；K_p 为蒸发皿系数，W_1 处理取 0.6，W_2 处理取 0.9。灌溉时间及灌水量见表 8-12。

表 8-12　作物生育期内灌水量

灌溉日期	移植天数/d	灌水量/mm	
		W_1	W_2
2017-10-17	21	4.80	7.20
2017-10-24	28	5.04	7.56
2017-10-30	34	5.64	8.46
2017-11-09	44	9.36	14.04
2017-11-15	50	5.04	7.56
2017-11-21	56	3.90	5.85
2017-11-25	60	5.04	7.56
2017-11-30	65	4.08	6.12
2017-12-08	73	6.90	10.35
2017-12-15	80	5.94	8.91
2017-12-22	87	5.67	8.50
2017-12-28	93	5.27	7.90
2018-01-05	101	6.93	10.40
2018-01-13	109	6.27	9.40
2018-01-21	117	2.50	3.90

8.3.5　指标测定及计算

试验中采用静态箱原位采集气样，静态箱为圆柱形，直径 10cm、高度 15cm，于静态箱顶部打孔，装入软管和三通阀，并用胶密封。由于静态箱的尺寸较小，气体较易混匀，故不需通过静态箱顶部装入风扇使气体扰动混匀。通过预备试验，采用该装置采集气体，N_2O 浓度测量值随时间的回归系数可达 0.85 以上。每个处理随机选取 3 个盆栽进行静态箱底座的埋设，用于气样的采集。通过预备试验，以 NH_4NO_3 为供试氮肥进行加氧灌溉时，N_2O 排放峰值出现在施肥灌溉后 1d，且较为平缓，故试验于施肥灌溉后 1d 进行气样的采集。采用 30mL 带三通阀的注射器于盖上静态箱的 0min、10min、20min 和 30min 分别抽取 12mL 的气体，其中 2mL 用于三通阀和针头的润洗，剩余 10mL 注入抽成真空的气瓶中。待气样采集完成后，注入 20mL 的 N_2，放入 4℃冰箱中保存，2 周内进行测试。

试验前对土柱侧壁进行压实、灌浆和凡士林浇筑，以防止灌溉过程中灌溉水沿侧壁渗漏。采气的同时监测土柱 0~10cm 的土壤含水率、氧气扩散速率和氧化还原电位。实验中采用光纤式溶解氧测量仪连接溶解氧敏感探针（PyroScience GmbH，德国 Aachen 公司）测定土壤溶解氧浓度；通过氧化还原电位测量仪（上海仪电科学仪器股份有限公司）监测土壤氧气扩散速率和氧化还原电位；采用土壤水分速测仪（TRIME-T3/T3C，德国 TRIME-FM 公司）监测 0~10cm 的土壤平均含水率。采气的同时进行破坏性取土，对 NO_3^--N 和 NH_4^+-N 含量进行测定。土壤 NO_3^--N 和 NH_4^+-N 含量的测定以 2mol/L KCl 为提取剂，利用紫外分光光度计测定。

氮肥偏生产力依据式（8-8）计算：

$$PFP_N = \frac{100 \times Y}{N} \tag{8-8}$$

式中，PFP_N 为氮肥偏生产力，kg/kg；N 为不同处理小区施氮量，kg/hm²。

土壤 N_2O 排放通量主要由表层土扩散排放，因此土壤矿质氮选取 0~10cm 土层测定，土壤温度选择土壤 10cm 处测定；预备试验表明，地下滴灌供水且滴灌带埋深 15cm，不同处理下 0~15cm 土层氧化还原电位和氧气扩散速率差异不显著，故选择深层 20cm 埋深处测定氧化还原电位和氧气扩散速率。利用氧化还原电位测量仪（上海仪电科学仪器股份有限公司）测定土壤氧化还原电位和氧气扩散速率。利用地温计测定 10cm 深度处土温，为不影响采气操作，地温计埋设于静态箱外 10cm 处。

分别于施肥前后及生育期末采集土壤样品，采集时间为移植后第 36d、第 47d、第 61d、第 66d 和第 120d，测定矿质氮的取土深度为 0~10cm，每个小区各设 1 个取土位置，取土位置为未布设静态箱的相邻两株作物中央，取土后将取土造成的坑洞填平。取样后将样品立即放于 4℃冰箱保存 1~3d（配制所需试剂、田间管理等事项）后取出测定。利用 2mol/L KCl 溶液浸提土样，土壤硝态氮利用紫外分光光度法测定，土壤铵态氮利用靛酚蓝比色法测定。土壤矿质氮质量分数根据式（8-9）计算：

$$M = \frac{1000 \times C \times V}{W} \tag{8-9}$$

式中，M 为矿质氮（硝态氮、铵态氮）质量分数，mg/kg；C 为样品矿质氮浓度，mg/L；V 为样品提取液体积，0.05L；W 为样品质量，5.00g。

8.3.6 加氧灌溉下温室番茄地土壤 N_2O 排放特征

图 8-10 显示，施肥后土壤 N_2O 排放通量出现短暂峰值，其余时期各处理 N_2O 排放通量较低。

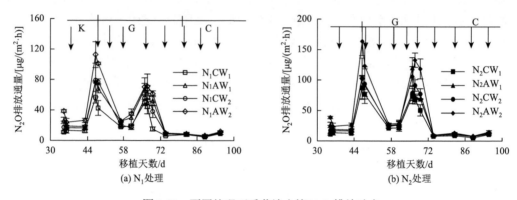

图 8-10 不同处理下番茄地土壤 N_2O 排放动态

竖直向下箭头代表灌水；K 代表开花坐果期；G 代表果实膨大期；C 代表成熟期。下同

土壤 N_2O 排放通量主峰值最大为 163.69μg/(m²·h)（N_2AW_2 处理），较处理 N_1CW_1、N_1AW_1、N_1CW_2、N_1AW_2、N_2CW_1、N_2AW_1 和 N_2CW_2 分别增大 188.78%、111.27%、106.93%、45.45%、87.24%、55.37%、59.50%。试验加密监测了第二次灌水施肥周期内土壤 N_2O 排放动态。施肥后各处理土壤 N_2O 排放通量峰值出现时间略有差异。低湿度处理 N_2O 排放通量峰值出现在灌水后 1d，其余处理出现在灌水后 2d。施氮量、掺气量和灌水量的增大均导致 N_2O 排放通量峰值提高和排放通量峰值出现时间延后。不同处理土壤 N_2O 排放通量次峰值最大值为 132.69μg/(m²·h)（N_2AW_2），较 N_1CW_1、N_1AW_1、N_1CW_2、N_1AW_2、N_2CW_1、N_2AW_1 和 N_2CW_2 分别增大 165.24%、96.27%、97.45%、86.67%、79.41%、10.48% 和 45.50%。

不同水肥气耦合滴灌番茄地单位产量 N_2O 排放定额及氮肥偏生产力见表 8-13。表 8-13 表明，不同处理番茄产量最大为 39.47t/hm²（N_2AW_2），较 N_1CW_1、N_1AW_1、N_1CW_2、N_1AW_2、N_2CW_1、N_2AW_1 和 N_2CW_2 分别增大 142.30%、102.31%、72.28%、44.37%、79.16%、39.52%和 24.08%。与低氮处理相比，常氮处理番茄产量增加，N_2CW_1、N_2AW_1、N_2CW_2 和 N_2AW_2 分别增大 35.24%、45.00%、38.85%和44.37%（$P<0.05$）；与不掺气灌溉相比，循环加氧灌溉处理番茄产量提高，N_1AW_1、N_1AW_2、N_2AW_1 和 N_2AW_2 分别增大了 19.77%、19.34%、28.42%和24.08%（$P<0.05$）；与低湿度处理相比，高湿度处理增加了番茄产量，N_1CW_2、N_1AW_2、N_2CW_2 和 N_2AW_2 分别增大 40.64%、40.13%、44.39%和39.52%（$P<0.05$）。

表 8-13　水肥气耦合滴灌番茄地单位产量 N_2O 排放定额及氮肥偏生产力

处理	产量/(t/hm²)	单位产量 N_2O 排放定额/(mg/kg)	氮肥偏生产力/(kg/kg)
N_1CW_1	16.29±1.01f	23.09±5.32bc	120.64±7.49d
N_1AW_1	19.51±0.70e	28.48±3.59ab	144.52±5.21e
N_1CW_2	22.91±0.59d	24.86±3.59bc	169.70±4.39c
N_1AW_2	27.34±0.52c	32.26±3.07a	202.52±3.86b
N_2CW_1	22.03±0.27d	20.29±2.86c	122.37±1.53f
N_2AW_1	28.29±0.41c	25.13±3.93bc	157.15±2.27d
N_2CW_2	31.81±1.18b	23.12±0.38bc	176.75±6.54c
N_2AW_2	39.47±1.04a	28.14±3.52ab	219.31±5.78a

8.3.7　加氧灌溉对各影响因子的影响

土壤充水孔隙度、温度、氧化还原电位、氧气扩散速率、NO_3^--N 含量、NH_4^+-N 含量的动态变化如图 8-11 所示。图 8-11（a）显示，不同处理土壤充水孔隙度变化趋势基本一致，灌水后土壤充水孔隙度迅速上升至峰值，峰值时高湿度处理土壤充水孔隙度高于低湿度处理，之后随着时间的推移两种灌水量的土壤充水孔隙度逐渐接近。低湿度处理下，加氧灌溉处理土壤充水孔隙度平均值较不掺气灌溉平均降低了 1.34%；高湿度处理下，加氧灌溉处理土壤充水孔隙度平均值较不掺气灌溉平均降低了 7.45%。不掺气灌溉处理下，高湿度处理土壤充水孔隙度平均值较低湿度处理平均增大了 12.63%；加氧灌溉下，高湿度处理土壤充水孔隙度平均值较低湿度处理平均增大了 6.12%。

整个生育期土壤温度在 13.0～25.7℃波动，不同处理土壤温度变化幅度较小［图 8-11（b）］。一个灌水周期内氧化还原电位呈现灌水后先下降后上升的趋势，上升和下降阶段均持续 1d 左右，其余时间各处理氧化还原电位波动较小［图 8-11（c）］。低湿度处理下，加氧处理氧化还原电位平均值较不掺气灌溉处理平均增大了 3.22%；高湿度处理下，加氧

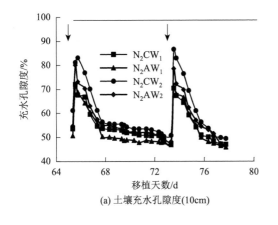

(a) 土壤充水孔隙度(10cm)

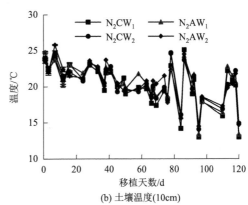

(b) 土壤温度(10cm)

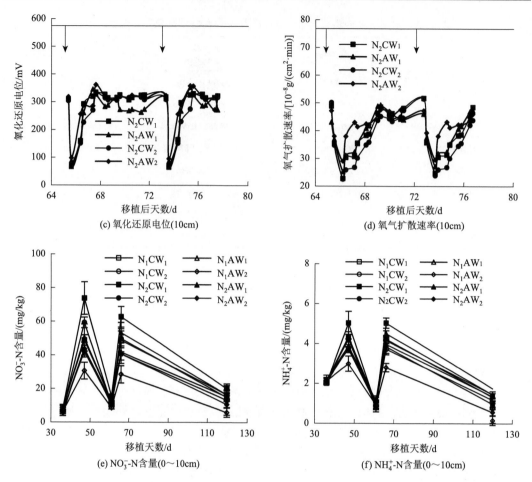

图 8-11　番茄土壤湿度、温度、氧化还原电位、氧气扩散速率、NO_3^--N 含量和 NH_4^+-N 含量动态

处理氧化还原电位平均值较不掺气灌溉处理平均增大了 36.41%。不加氧处理下，高湿度处理氧化还原电位平均值较低湿度处理平均降低了 7.91%；加氧处理下，高湿度处理氧化还原电位平均值较低湿度处理平均增大了 23.29%。

氧气扩散速率与氧化还原电位的变化趋势基本一致，但灌水后氧气扩散速率上升和下降阶段持续时间较长 [图 8-11（d）]。低湿度处理下，加氧处理氧气扩散速率平均值较不加氧处理平均增大了 7.70%；高湿度处理下，加氧处理氧气扩散速率平均值较不加氧处理平均增大了 29.23%。不加氧处理下，高湿度处理氧气扩散速率平均值较低湿度处理平均降低了 5.81%；加氧处理下，高湿度处理氧气扩散速率平均值较低湿度处理平均增大了 12.60%。

番茄生长季内，土壤 NH_4^+-N 均较低，在 0.57~4.45mg/kg 变化。土壤无机氮中 NO_3^--N 占比较大，且不同灌水量处理土壤 NO_3^--N 含量与施肥及 N_2O 排放有关，低湿度处理土壤 NO_3^--N 含量及 N_2O 排放均低于高湿度处理（$P<0.05$），施肥后土壤 NO_3^--N 含量明显提升 [图 8-11（e）]。全生育期土壤 NH_4^+-N 含量变化趋势与 NO_3^--N 一致，但土壤 NH_4^+-N 占比较小 [图 8-11（f）]。

8.3.8　加氧灌溉下 N_2O 排放的结构方程模型

加氧灌溉下土壤 N_2O 排放的结构方程模型如图 8-12 所示。

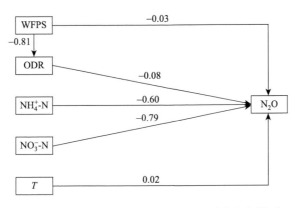

图 8-12　加氧灌溉下土壤 N_2O 排放的结构方程模型

WFPS、ODR、NH_4^+-N 、 NO_3^--N 、 T 分别表示土壤充水孔隙度、氧气扩散速率、铵态氮含量、硝态氮含量和土壤温度

图 8-12 给出了加氧灌溉下土壤 N_2O 排放的结构方程模型分析结果。对于土壤 N_2O 排放的影响因素而言，WFPS 对 N_2O 排放的总效应为 0.035，ODR 对 N_2O 排放的总效应为 -0.08， NH_4^+-N 含量对 N_2O 排放的总效应为 -0.60，NO_3^--N 含量对 N_2O 排放的总效应为 -0.79，T 对 N_2O 排放的总效应为 0.02。结果表明，土壤 NO_3^--N 和 NH_4^+-N 是影响温室番茄地土壤 N_2O 排放的主要因素。

8.3.9　小结

（1）施氮量、掺气量和灌水量的增大均提升了土壤 N_2O 排放通量。高湿度条件下 N_2O 排放通量较低湿度平均增加了 30.14%，曝气条件下 N_2O 排放通量较对照平均增加了 35.16%，常氮条件下 N_2O 排放通量较低氮平均增加了 33.83%。

（2）土壤 NH_4^+-N 和 NO_3^--N 含量对 N_2O 排放的总效应为 -0.60 和 -0.79，它们是影响水肥气耦合滴灌下土壤 N_2O 排放的主导因子。

（3）土壤 N_2O 排放通量仅在灌水施肥后出现短暂峰值，其余时期土壤 N_2O 排放通量较小。

8.4　加氧灌溉对温室辣椒地土壤 N_2O 排放的影响

8.4.1　试验内容

为了明确施氮、加氧和灌水对温室辣椒地土壤 N_2O 排放的影响，本节设置了施氮量

（低量和常量）、加氧量（对照和加氧处理）和灌水量（亏缺和充分灌溉）三因素两种水平完全随机试验系统，研究了温室辣椒地土壤 N_2O 排放的特征，监测土壤理化指标，并利用 SEM 模型分析各影响因子对土壤 N_2O 排放的综合贡献。系统分析水肥气耦合滴灌温室下土壤 N_2O 排放特征及其与相关理化生影响因素之间的关系，研究结果为评估加氧灌溉技术的农田生态效应及设施菜地温室气体减排提供一定的理论基础与科学依据。

8.4.2　试验地概况

试验于 2017 年 9 月 27 日～2018 年 1 月 28 日在华北水利水电大学农业高效用水试验场现代化温室中（34°47′23″N，113°47′20.15″E）进行。温室辣椒生育期内小气候状况见图 8-13，湿度为 34.00%～70.00%，平均气温在 21.2～40.7℃波动。

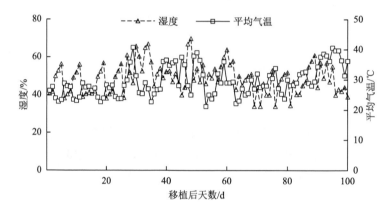

图 8-13　辣椒生育期温室平均气温和湿度动态

8.4.3　试验材料与试验设计

供试土壤为郑州黄黏土，将 0～40cm 按照每 10cm 土层取样，土壤容重依次为 1.26g/cm³、1.48g/cm³、1.50g/cm³、1.55g/cm³。剖面土壤质地均匀，砂粒（0.02～2mm）、粉粒（0.002～0.02mm）及黏粒（<0.002mm）质量分数分别为 32.99%、34.03%和 32.98%。表层土壤 pH 为 6.5，有机质含量为 13.62g/kg，土壤全氮、土壤全磷、土壤全钾含量分别为 0.81g/kg、0.79g/kg 和 30.38g/kg，田间持水率（质量含水率）28%。供试辣椒品种为'康大 301'。

研究中设计了施氮、加氧和灌水三因素两种水平试验，共计 8 个处理，每个处理 4 次重复，采用完全随机布设。试验设计如表 8-14 所示。

表 8-14　加氧灌溉的试验设计

处理	灌水量	施氮量/(kg N/hm²)	掺气比例/%
N_1CW_1	0.6W	225	0
N_1AW_1	0.6W	225	15
N_1CW_2	1.0W	225	0

续表

处理	灌水量	施氮量/(kg N/hm^2)	掺气比例/%
N$_1$AW$_2$	1.0W	225	15
N$_2$CW$_1$	0.6W	300	0
N$_2$AW$_1$	0.6W	300	15
N$_2$CW$_2$	1.0W	300	0
N$_2$AW$_2$	1.0W	300	15

注：W 为充分灌溉时的灌水量。N$_1$ 为减量施氮，N$_2$ 为常量施氮；W$_1$ 为亏缺灌溉，W$_2$ 为充分灌溉；C 为常规滴灌，A 为加氧灌溉。

试验设 32 个小区，长 2m、宽 1m。小区内起垄种植辣椒，垄高 10cm，每垄移植 5 株，株距 33cm。小区内采用水肥气耦合滴灌装置进行供水，采用 John Deere 非压力补偿型滴灌带，直径 16mm，壁厚 0.6mm，滴头设计流量 1.2L/h，滴头间距 33cm，埋深 15cm。植株距滴头 10cm，平行于滴灌带种植。

8.4.4　试验管理

辣椒于 4 叶 1 心至 5 叶 1 心时移植。移植当天浇透底水，移植后 10d 覆膜。辣椒生育期共计 109d，生育期划分详见表 8-15。

表 8-15　辣椒生育期划分

生育期	起始日期（年-月-日）	结束日期（年-月-日）	移栽时间/d
苗期	2018-03-20	2018-04-30	1～42
开花坐果期	2018-05-01	2018-05-16	43～58
成熟期	2018-05-17	2018-07-06	59～109

采用的肥料为高钾型水溶性肥，硝态氮、铵态氮、脲态氮、P$_2$O$_5$、K$_2$O、Fe、Mn、Zn、Cu、Mo、B 的质量分数分别为 7%、1%、7%、15%、30%、0.10%、0.05%、0.15%、0.05%、0.05%和 0.10%（施乐多，河北康拓肥料有限公司）。施肥总量分别为 225kg/hm^2 和 300kg/hm^2，生育期共施肥 7 次，每次施肥量占比为 13.33%、13.33%、13.33%、20.00%、20.00%、13.33%、6.67%，分别于移植后第 24d、第 36d、第 44d、第 57d、第 66d、第 78d 和第 87d 施入。利用施肥器将水溶肥掺入水流，在制水罐中混匀；不掺气灌溉处理利用首部供水装置进行供水；循环加氧灌溉处理利用文丘里空气射流器进行曝气。试验中利用制水管路、循环泵、文丘里空气射流器等设备组成的循环曝气装置曝气 20min，形成掺气比例约为 15%的掺气水，通过地下滴灌系统供水。各小区分别供水，供水压力为 0.1MPa，采用滴水计量器计量供水量。试验中灌水下限根据径向 10cm、纵向 10cm 埋深处的张力计（12 型分体式张力计，中国农业科学院农田灌溉研究所）确定：当土壤基质势下降至 −30kPa 时开始灌溉。灌水量根据式（8-10）计算：

$$W = A \times E_p \times K_p \tag{8-10}$$

式中，W 为各处理每次的灌水量，mm；A 为小区控制面积，$2m^2$；E_p 为一个灌水周期内 Φ601 标准蒸发皿的蒸发量，mm；K_p 为蒸发皿系数，W_1 处理取 0.6，W_2 处理取 1.0。

灌溉时间及灌水量见表 8-16。

表 8-16　作物生育期内灌水量

灌溉日期	移植后天数/d	灌水量/mm	
		W_1	W_2
2018-4-12	24	12.24	20.40
2018-4-18	30	5.70	9.50
2018-4-24	36	11.34	18.9
2018-5-2	44	6.72	11.20
2018-5-10	52	8.04	13.40
2018-5-15	57	5.34	8.90
2018-5-24	66	7.44	12.40
2018-5-30	72	6.00	10.0
2018-6-5	78	3.90	6.50
2018-6-9	82	6.66	11.10
2018-6-14	87	5.82	9.70
2018-6-19	92	6.72	11.20
2018-6-25	98	6.78	11.30
2018-6-29	102	3.78	6.30

8.4.5　指标测定及计算

试验中采用静态箱原位采集气样，静态箱为圆柱形，直径 10cm、高度 15cm，于静态箱顶部打孔，装入软管和三通阀，并用胶密封。由于静态箱的尺寸较小，气体较易混匀，故不需通过静态箱顶部装入风扇使气体扰动混匀。通过预备试验，采用该装置采集气体，N_2O 浓度测量值随时间的回归系数可达 0.85 以上。每个处理随机选取 3 个盆栽进行静态箱底座的埋设，用于气样的采集。通过预备试验，以 NH_4NO_3 为供试氮肥进行加氧灌溉时，N_2O 排放峰值出现在施肥灌溉后 1d，且较为平缓，故试验于施肥灌溉后 1d 进行气样的采集。采用 30mL 带三通阀的注射器于盖上静态箱的 0min、10min、20min 和 30min 分别抽取 12mL 的气体，其中 2mL 用于三通阀和针头的润洗，剩余 10mL 注入抽成真空的气瓶中。待气样采集完成后，注入 20mL 的 N_2，放入 4℃冰箱中保存，2 周内进行测试。

试验前对土柱侧壁进行压实、灌浆和凡士林浇筑，以防止灌溉过程中灌溉水沿侧壁渗漏。采气的同时监测土柱 0～10cm 的土壤含水率、氧气扩散速率和氧化还原电位。实验中采用光纤式溶解氧测量仪连接溶解氧敏感探针（PyroScience GmbH，德国 Aachen 公司）测定土壤溶解氧浓度；通过氧化还原电位测量仪（上海仪电科学仪器股份有限公司）监测土壤氧气扩散速率和氧化还原电位；采用土壤水分速测仪（TRIME-T3/T3C，德国 TRIME-FM 公司）监测 $0\sim10\text{cm}$ 的土壤平均含水率。采气的同时进行破坏性取土，对 NO_3^--N 和 NH_4^+-N 含量进行测定。土壤 NO_3^--N 和 NH_4^+-N 含量的测定以 2mol/L KCl 为提取剂，利用紫外分光光度计测定。

8.4.6　加氧灌溉下土壤理化指标的影响

分别于苗期、开花坐果期和成熟期测量土壤充水孔隙度，结果见图 8-14。灌水后充水孔隙度迅速上升，而后逐步下降。N_2CW_1、N_2AW_1、N_2CW_2 和 N_2AW_2 的充水孔隙度平均值分别为 48.91%、47.18%、55.13% 和 53.63%（$P>0.05$），以 N_2CW_2 处理最高、N_2AW_1 处理最低。灌水量的增加增大了土壤充水孔隙度，尤其在灌水后第 2 天，3 个生育阶段 N_2CW_2 较 N_2CW_1 分别提高了 15.74%、17.76% 和 18.55%（$P<0.05$），N_2AW_2 较 N_2AW_1 分别提高了 22.13%、18.84% 和 15.75%（$P<0.05$）；同时期掺气量差异对充水孔隙度的影响仅有开花坐果期时，N_2AW_2 相比 N_2CW_2 降低了 8.36%。

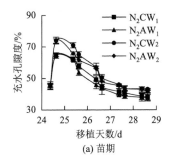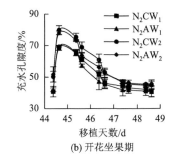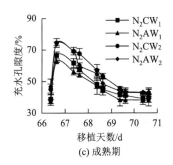

图 8-14　作物生育期土壤充水孔隙度动态

不同生育阶段的氧气扩散速率见图 8-15。灌水后氧气扩散速率迅速下降，而后逐步上升。N_2CW_1、N_2AW_1、N_2CW_2 和 N_2AW_2 的氧气扩散速率平均值分别为 $3.709\times10^{-7}\text{g/(cm}^2\cdot\text{min)}$、

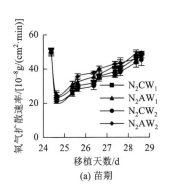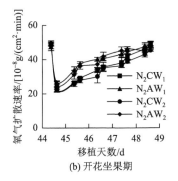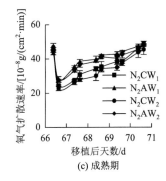

图 8-15　作物生育期氧气扩散速率动态

$4.054 \times 10^{-7} \mathrm{g/(cm^2 \cdot min)}$、$3.523 \times 10^{-7} \mathrm{g/(cm^2 \cdot min)}$ 和 $4.008 \times 10^{-7} \mathrm{g/(cm^2 \cdot min)}$（$P > 0.05$）。掺气量的增加增大了土壤氧气扩散速率，灌水后第 1 天已出现显著差异，3 个生育阶段 N_2AW_1 较 N_2CW_1 分别提高了 19.79%、27.54%和 28.55%（$P < 0.05$），N_2AW_2 较 N_2CW_2 分别提高了 12.54%、20.90%和 26.61%（$P < 0.05$）；但同时期灌水量差异对氧气扩散速率的影响不具有显著性差异。

不同生育阶段的氧化还原电位见图 8-16。

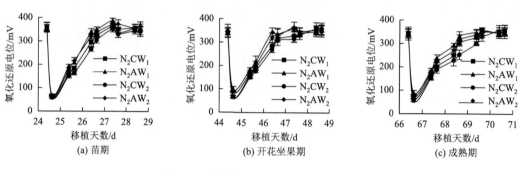

图 8-16　作物生育期氧化还原电位动态

氧化还原电位的变化趋势与氧气扩散速率类似，灌水后氧化还原电位迅速下降，而后逐步上升直至趋于平稳。N_2CW_1、N_2AW_1、N_2CW_2 和 N_2AW_2 的氧化还原电位平均值分别为 274.80mV、292.72mV、263.31mV 和 286.66mV（$P > 0.05$）。加氧量的增加增大了土壤氧化还原电位，灌水后第 1 天已出现显著差异，3 个生育阶段 N_2AW_1 较 N_2CW_1 分别提高了 20.63%、15.72%和 14.85%（$P < 0.05$），N_2AW_2 较 N_2CW_2 分别提高了 18.12%、12.72%和 15.52%（$P < 0.05$）；但同时期灌水量差异对氧化还原电位的影响不具有显著性差异。

辣椒试验中，生育期内处理 N_1CW_1、N_1AW_1、N_1CW_2、N_1AW_2、N_2CW_1、N_2AW_1、N_2CW_2、N_2AW_2 土壤 NO_3^--N 含量均值分别为 164.39mg/kg、155.30mg/kg、144.24mg/kg、113.48mg/kg、189.51mg/kg、183.86mg/kg、178.02mg/kg 和 146.76mg/kg（图 8-17）。与亏缺灌溉处理相比，N_1AW_2 和 N_2AW_2 处理生育期内土壤 NO_3^--N 含量均值分别降低 35.09%和 25.28%（$P < 0.05$），N_1CW_2 和 N_2CW_2 处理生育期内土壤 NO_3^--N 含量均值分别降低 13.97%和 6.46%（$P < 0.05$）；与低氮处理相比，N_2CW_1、N_2AW_1、N_2CW_2 和 N_2AW_2 处理生育期内土壤 NO_3^--N 含量均值分别增大 15.28%、19.94%、23.42%和 29.32%（$P < 0.05$），与对照灌溉处理相比，N_1AW_1 和 N_2AW_1 处生育期内土壤 NO_3^--N 含量均值分别降低 7.24%和 3.07%（$P < 0.05$），N_1AW_2 和 N_2AW_2 处理生育期内土壤 NO_3^--N 含量均值分别降低 27.11%和 21.30%（$P < 0.05$）。生育期内处理 N_1CW_1、N_1AW_1、N_1CW_2、N_1AW_2、N_2CW_1、N_2AW_1、N_2CW_2、N_2AW_2 土壤 NH_4^+-N 含量均值分别为 3.77mg/kg、3.39mg/kg、3.18mg/kg、2.93mg/kg、4.66mg/kg、4.33mg/kg、4.09mg/kg 和 3.84mg/kg。与亏缺灌溉处理相比，N_1CW_2、N_1AW_2、N_2CW_2 和 N_2AW_2 处理生育期内土壤 NH_4^+-N 含量均值分别降低 18.54%、15.72%、14.11%和 12.61%（$P < 0.05$）；与低氮处理相比，N_2CW_1、N_2AW_1、N_2CW_2 和 N_2AW_2 处理生育期内土壤 NH_4^+-N 含量均值分别增大 23.78%、27.77%、28.59%和 31.31%

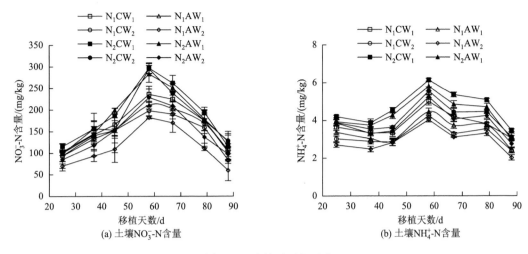

图 8-17 土壤矿质氮动态

（$P<0.05$）；与对照灌溉处理相比，N_1AW_1、N_1AW_2、N_2AW_1 和 N_2AW_2 处生育期内土壤 NH_4^+-N 含量均值分别降低 11.23%、8.59%、7.76%和 6.34%（$P<0.05$）。

8.4.7 加氧灌溉对土壤 N_2O 排放的影响

辣椒产量、生育期内土壤 N_2O 排放总量及单位产量 N_2O 排放量见表 8-17。灌水量、掺气量和施肥量的增加提高了辣椒产量，与亏缺灌溉相比，N_1CW_2、N_1AW_2、N_2CW_2 和 N_2AW_2 处理产量分别提高 15.78%、24.82%、27.81%和 29.99%（$P<0.05$）；与常规灌溉相比，N_1AW_1、N_1AW_2、N_2AW_1 和 N_2AW_2 处理产量分别提高 13.67%、22.55%、16.86%和 18.85%（$P<0.05$）；与减量施氮相比，N_2CW_1、N_2AW_1、N_2CW_2 和 N_2AW_2 处理产量分别提高 22.48%、25.92%、35.21%和 31.13%（$P<0.05$）。

表 8-17 水肥气耦合滴灌辣椒地 N_2O 排放

处理	产量/(kg/hm²)	N_2O 排放总量/(mg/m²)	单位产量 N_2O 排放量/(mg/kg)
N_1CW_1	9462.17±602.67e	216.74±8.41c	229.80±19.60f
N_1AW_1	10756.00±323.86d	324.40±17.19f	301.76±17.83e
N_1CW_2	10954.83±348.23d	401.78±37.30e	367.62±43.77cd
N_1AW_2	13425.17±288.22c	445.78±12.83d	332.29±16.70de
N_2CW_1	11589.67±663.64d	435.38±24.55de	377.24±42.65bc
N_2AW_1	13543.75±397.55c	575.91±32.29c	425.00±11.63a
N_2CW_2	14812.25±491.56b	616.85±19.85b	416.45±1.23ab
N_2AW_2	17605.08±695.36a	719.01±8.41a	408.95±20.66abc

不同处理辣椒生育期土壤 N_2O 排放总量最大值为 719.01mg/m²（N_2AW_2 处理），较

N_1CW_1、N_1AW_1、N_1CW_2、N_1AW_2、N_2CW_1、N_2AW_1 和 N_2CW_2 处理分别增大 231.74%、121.64%、78.96%、61.29%、65.15%、24.85%、16.56%。与亏缺灌溉相比，充分灌溉增加了生育期土壤 N_2O 排放总量，N_1CW_2、N_1AW_2、N_2CW_2 和 N_2AW_2 处理分别增大 85.37%、37.42%、41.68%和24.85%（$P<0.05$）；与低氮处理相比，常氮处理增加了生育期土壤 N_2O 排放总量，N_2CW_1、N_2AW_1、N_2CW_2 和 N_2AW_2 处理分别增大 100.88%、77.53%、53.53% 和 61.29%（$P<0.05$）；与对照灌溉相比，循环加氧灌溉增加了生育期土壤 N_2O 排放总量，N_1AW_1、N_1AW_2、N_2AW_1 和 N_2AW_2 处理分别增大 49.67%、10.95%、32.28%和16.56%（$P<0.05$）。辣椒试验中各生育期排放强度呈现成熟期＞开花坐果期＞苗期。单位产量 N_2O 排放量最小为 229.80mg/kg（N_1CW_1 处理），较 N_1AW_1、N_1CW_2、N_1AW_2、N_2CW_1、N_2AW_1、N_2CW_2 和 N_2AW_2 处理分别减小 23.85%、37.49%、30.84%、39.08%、45.93%、44.82%和43.81%。

8.4.8　加氧灌溉下 N_2O 排放的结构方程模型

图 8-18 给出了辣椒地土壤 N_2O 排放的结构方程模型分析结果。由图 8-18 可知，对于土壤 N_2O 排放的影响因素而言，充水孔隙度对 N_2O 排放的直接效应为 0.37，氧气扩散速率对 N_2O 排放的总效应为 0.35，氧化还原电位对 N_2O 排放的总效应为–0.04，NH_4^+-N 含量对 N_2O 排放的总效应为 0.42，NO_3^--N 含量对 N_2O 排放的总效应为 0.32，土壤温度对 N_2O 排放的总效应为 0.47。结果表明，土壤温度、硝态氮含量、铵态氮含量和氧气扩散速率均是影响温室辣椒地土壤 N_2O 排放的重要因素，土壤温度对土壤 N_2O 排放的影响高于其余水肥气因子。

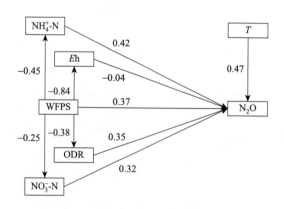

图 8-18　加氧灌溉下土壤 N_2O 排放的结构方程模型

WFPS、ODR、Eh、NH_4^+-N 、 NO_3^--N 、T 分别表示土壤充水孔隙度、氧气扩散速率、氧化还原电位、铵态氮含量、硝态氮含量和土壤温度

8.4.9　小结

（1）施氮量、掺气量和灌水量的增大均提升了土壤 N_2O 排放总量。与亏缺灌溉相比，

充分灌溉增加了生育期土壤 N_2O 排放总量，N_1CW_2、N_1AW_2、N_2CW_2 和 N_2AW_2 处理分别增大 85.37%、37.42%、41.68%和 24.85%（$P<0.05$）；与低氮处理相比，常氮处理增加了生育期土壤 N_2O 排放总量，N_2CW_1、N_2AW_1、N_2CW_2 和 N_2AW_2 处理分别增大 100.88%、77.53%、53.53%和 61.29%（$P<0.05$）；与对照灌溉相比，循环加氧灌溉增加了生育期土壤 N_2O 排放总量，N_1AW_1、N_1AW_2、N_2AW_1 和 N_2AW_2 处理分别增大 49.67%、10.95%、32.28%和 16.56%（$P<0.05$）。

（2）各生育期排放强度呈现成熟期>开花坐果期>苗期。单位产量 N_2O 排放量最小为 229.80mg/kg（N_1CW_1 处理），较 N_1AW_1、N_1CW_2、N_1AW_2、N_2CW_1、N_2AW_1、N_2CW_2 和 N_2AW_2 处理分别减小 23.85%、37.49%、30.84%、39.08%、45.93%、44.82%和 43.81%。

（3）土壤温度、硝态氮含量、铵态氮含量和氧气扩散速率均是影响温室辣椒地土壤 N_2O 排放通量的重要因素，土壤温度对土壤 N_2O 排放的影响高于其余水肥气因子。

第 9 章　结论及展望

9.1　结　　论

9.1.1　加氧灌溉水力传输机制

针对目前加氧灌溉下微纳米气泡无法精准测量，水、氧和气传输不均匀及传输距离受限的弊端，本书系统研究了加氧灌溉系统下水、氧、气的传输特性及影响因素，得出的相关结论如下：

（1）设计了一种测量加氧灌溉水气出流均匀度的系统与方法。该系统模拟了加氧灌溉的出流边界条件，通过水量平衡原理，可以得到各个灌水器的出水流量，依据气体基本定律，可以计算出每个灌水器的出气流量，在此基础上利用有关的均匀度计算公式，可以计算出加氧灌溉下水气出流的均匀度。该系统与方法为加氧灌溉水气出流均匀度的研究提供了技术支持。

（2）制作了一种基于排水法的微纳米气泡实时监测真空装置。加氧灌溉过程水气混合流体中的掺气比例是加氧灌溉的一个关键技术指标。不同的掺气比例将显著影响灌溉的效果、作物生长发育乃至最终的经济产量。加氧灌溉产生了大量微纳米气泡，因气泡过于微小，采用传统的排水法测量掺气比例难于实现。如何准确测定水气耦合滴灌的掺气比例是一直困扰相关技术人员的难题。本书结合排水法，利用真空袋简易、可收缩的特性，自制了一种简易的微纳米气泡实时监测的真空装置，可实现对沿程掺气比例的准确监测。

（3）提出了一种基于流体黏度改变的掺气比例计算模型。本书在准确测量沿程掺气比例的同时，基于水动力学原理，参考现有水流黏度和含气量的研究结果，经过理论分析，提出了一种水气耦合滴灌掺气比例计算模型。该计算模型是关于掺气比例的一元二次方程，利用该模型，通过测量沿程水头损失、滴灌带内径、孔口扩大系数、多口系数、滴灌带长度以及总流量等容易测量的参数，可计算出水气耦合滴灌带中水气混合流体的掺气比例。经与实测数据相对比，该模型计算结果的相对误差维持在 5%以内，二者的相关系数在 0.99 以上，达极显著相关水平，表明该模型在估算水气混合流体中的掺气比例上是可行的。

（4）阐明了加氧灌溉下的水氧传输特性。活性剂的添加对氧传质过程起到促进作用；在添加活性剂条件下，各组合条件的氧总传质系数随着活性剂浓度的增加而显著增加；BS1000 浓度在 2mg/L 及以上时，NaCl 介质的添加对氧总传质系数的增幅影响显著。1mg/L 的 BS1000 是适宜的活性剂添加浓度。研究成果为长距离加氧灌溉提供了技术手段和理论支持。

（5）优化了加氧灌溉下管道布置方式。双向传输的连接方式可以显著提高加氧灌溉的流量均匀性。双向传输的流量均匀性均在 95% 以上，较单向传输提高 14.00%。空气曝气双向传输的溶解氧均匀性较单向传输提高 4.05%。单向传输时，掺气比例随着传输距离的增加呈现增加的趋势；双向传输时，掺气比例随着传输距离的增加呈现先增加后减小的趋势；掺气比例随着活性剂浓度的增加而增加；双向传输的出气均匀性较单向传输提高 31.12%。综合考虑传输过程中流量均匀性、溶解氧均匀性和出气均匀性，双向传输是加氧灌溉推荐的连接方式。

9.1.2 加氧灌溉对土壤湿润体内水氧变化特性

（1）加氧灌溉可显著改善土壤通气性。高灌水量下加氧处理的土壤溶解氧浓度、氧气扩散速率、氧化还原电位和土壤呼吸速率均有显著增强。

（2）纯氧加氧处理较空气加氧处理的土壤氧化还原电位和氧气扩散速率的改善效果更好。

（3）土壤环境中的液相氧对土壤通气性的影响较为明显。各处理的土壤氧气扩散速率及氧化还原电位和溶解氧浓度基本呈显著的正相关关系，且低水量条件下相关性更为明显。

9.1.3 加氧灌溉对作物根际土壤通气性改善效应

（1）加氧灌溉可有效改善温室紫茄根际土壤的通气状况。与对照相比，VAI 处理的溶解氧浓度增加了 14.43%；VAI 处理的氧化还原电位最高值（与对照处理的最高值相比）增加了 34.73%；土壤呼吸速率和土壤温度显著相关，VAI 处理的土壤呼吸速率增加了 34.35%。

（2）加氧灌溉可显著改善冬小麦根际土壤通气性。与对照相比，灌溉后 VAI 处理土壤呼吸速率显著增强，其他处理无显著差异。VAI 处理和 HP0030 处理的氧气扩散速率显著增强，在 10cm 深度和 20cm 深度效果较好，且加氧处理缓解了灌溉造成的缺氧环境，VAI 处理和 HP0030 处理在灌溉后的氧气扩散速率值能长时间保持在阈值以上，不影响作物的正常生长。VAI 处理和 HP0030 处理的氧化还原电位值也有显著提高。

（3）加氧灌溉可显著改善温室番茄根际土壤通气状况。高灌水量下加氧处理的土壤溶解氧浓度、氧气扩散速率、氧化还原电位和土壤呼吸速率均显著增强。加氧灌溉将含氧物质输送到作物根区，提高了土壤气相和液相氧的数量，改善了土壤中的氧气扩散速率和氧化还原电位，增强了土壤呼吸速率。土壤中的气相氧和液相氧作为土壤氧气环境的主要组成部分，对土壤通气性的影响较为明显，各处理的土壤氧气扩散速率及氧化还原电位、溶解氧浓度和充气孔隙度呈极显著的正相关关系。

9.1.4 加氧灌溉作物响应关系

生物响应试验部分通过系统开展加氧灌溉对蔬菜（紫茄、番茄、小白菜、辣椒）、水果（草莓）和粮食作物（冬小麦）生长生理、产量品质和水肥利用的影响研究，揭示了加氧灌溉作物响应关系，相关结论如下：

（1）郑州黄黏土、南阳黏壤土和驻马店砂壤土曝气处理草莓净光合速率都大于对照处理，分别增加了 18.6%、13.4% 及 15.7%；气孔导度分别增加了 34.7%、10.6% 以及 20.6%；曝气处理的蒸腾速率较对照处理分别增加了 26.4%、5.6% 以及 10.9%；较对照处理，曝气处理草莓果实产量、品质以及根系指标都明显提高；黄黏土条件下加氧灌溉对种植草莓具有更为显著的改善效果。

（2）循环曝气地下滴灌促进了小白菜的根系生长和产量。与 CK 处理相比，循环曝气处理下郑州黄黏土和洛阳粉壤土小白菜的根干质量分别增加 36.00% 和 24.00%、小白菜地上部鲜质量分别增加了 58.41% 和 62.03%，且均有显著性差异（$P < 0.05$）。循环加氧灌溉处理小白菜光合作用较 CK 处理有显著改善（$P < 0.05$），郑州黄黏土、洛阳粉壤土和驻马店砂壤土小白菜净光合速率分别增大 17.69%、12.41% 和 21.43%。循环加氧灌溉处理促进了小白菜养分吸收。郑州黄黏土和洛阳粉壤土氮吸收效率分别提高了 23.68% 和 39.09%（$P < 0.05$），郑州黄黏土、洛阳粉壤土、驻马店砂壤土的磷吸收效率分别提高了 27.52%、25.00% 和 27.07%（$P < 0.05$），钾吸收效率分别提高了 62.68%、63.06% 和 23.88%（$P < 0.05$）。循环加氧灌溉提高小白菜水分利用效率。与 CK 处理相比，郑州黄黏土和洛阳粉壤土中循环加氧灌溉处理水分利用效率分别提高了 27.70% 和 16.88%（$P < 0.05$）。

（3）加氧灌溉有利于增强冬小麦根系指标，与 CK 处理相比，0～10cm 土层根长密度、根总体积显著增大，根尖数无显著差异；与 CK 处理相比，加氧灌溉显著提高了冬小麦气孔导度、蒸腾速率和净光合速率；加氧灌溉显著提高了冬小麦产量和水分利用效率，与 CK 处理相比，VAI 和 HP0030 处理的产量分别显著提高了 36.27% 和 23.37%，秸秆生物量显著增加了 23.57% 和 10.33%，VAI 处理的水分利用效率显著提高了 38.98%。

（4）不同土壤条件下紫茄生长指标如株高、茎粗在加氧处理下都明显高于对照处理，加氧灌溉有利于紫茄的生长；不同土壤条件下加氧处理紫茄的净光合速率、蒸腾速率、气孔导度、叶绿素含量明显高于对照处理，加氧灌溉促进作物进行生理活动，有利于积累营养物质；加氧处理明显提高了作物的养分吸收量，提高了作物干物质的养分积累，提高了对土壤中养分的吸收利用。在盆栽土壤中，CK 处理的养分含量均低于 VAI 处理和HP0030 处理，且差异显著。

（5）水气耦合灌溉显著提高番茄净光合速率、叶绿素含量，促进根系生长和干物质积累（$P < 0.05$）；水气耦合灌溉显著氮肥偏生产力，水肥耦合处理氮肥偏生产力在 N_1AW_1、N_1AW_2、N_2AW_1 和 N_2AW_2 处理下分别提高 19.77%、19.34%、28.42% 和 24.08%。

9.1.5　加氧灌溉的增产提质机理

（1）在加氧灌溉中，加氧量是土壤通气性改善的主要推动力，灌水量对土壤通气性有一定的负面影响；土壤酶活性的改善由加氧量和施肥量共同造成；土壤微生物量的改善由加氧量、施肥量和灌水量共同造成。养分吸收的改善由加氧量、施肥量和灌水量共同造成，产量品质受加氧量和灌水量的正面影响比较大。

（2）由结构方程模型路径分析可知，加氧灌溉经由对土壤通气性、土壤酶活性和微生物量的改善对产量做出的贡献占总贡献的 55.85%，对 VC 含量做出的贡献占总贡献的 21.40%，经由根系生长、作物生物量积累和作物净光合速率的改善对产量做出的贡献占总贡献的 20.43%，经由净光合速率的改善对 VC 含量做出的贡献占总贡献的 34.33%，灌水量对 VC 含量的直接贡献占总贡献的 44.27%。加氧灌溉对根区土壤环境的改善以及由此而来的对作物生长生理的改善是番茄增产提质的关键。

9.1.6　加氧灌溉的环境效应

（1）土培条件下加氧灌溉各处理 N_2O 排放通量均呈现先增加后降低的趋势，于灌溉后 1d 达到峰值，于灌溉后的 4d 趋于稳定，且呈现较低排放水平。曝气可显著增加 N_2O 的排放通量、排放峰值和排放总量。灌水量的增加可显著增加 N_2O 的排放通量和排放峰值。

（2）灌溉造成土壤含水量增加的同时，降低了土壤溶解氧浓度和氧化还原电位。曝气可提高土壤溶解氧浓度和氧化还原电位，改善土壤通气性（$P<0.05$），而对土壤的充水孔隙度无显著影响（$P>0.05$）；低湿度处理的土壤 NO_3^--N 含量显著高于高湿度处理（$P<0.05$）。通过相关性分析，土壤充水孔隙度、氧化还原电位和 NO_3^--N 含量为加氧灌溉下土壤 N_2O 排放的主要理化因子。另外，氨氧化古菌对加氧灌溉下土壤 N_2O 排放起着重要的作用。

（3）加氧量、施氮量和灌水量的增加可增加加氧灌溉下温室辣椒地土壤 N_2O 排放峰值、N_2O 累积排放量和单产 N_2O 排放量。加氧量和灌水量的增加可显著提高辣椒的氮素利用效率，而施氮量的增加降低了作物的氮素利用效率。综合考虑作物产量、氮素利用效率和单产 N_2O 排放量，试验中减量施氮非充分灌溉加氧处理是推荐的加氧灌溉组合方案。

（4）通过结构方程模型的路径分析，土壤温度、充水孔隙度和 NO_3^--N 含量对 N_2O 排放的总解释度分别为 42%、60% 和 58%，是加氧灌溉下温室土壤 N_2O 排放的主要影响因子。

9.2　创　新　点

（1）创新性地提出了加氧灌溉水气出流均匀度的测量系统和基于流体黏度改变的掺气比例计算模型；

（2）创造性地研发了加氧灌溉系统及控制方法，大幅度提高了掺气比例、溶解氧浓度和氧传质效率，为水、肥、气（氧）长程均匀传输提供了技术支持；

（3）阐明了加氧灌溉对土壤通气性的改善效应及作物水、肥高效利用机制，明确了加氧灌溉对 N_2O 产生和排放的影响。

9.3　展　　望

（1）目前，加氧灌溉对作物的影响研究主要停留在加氧灌溉对作物产量和作物生理指标层面上，对土壤肥料的分布及土壤养分的利用效率影响方面尚未开展研究。

（2）加氧灌溉对根区环境的影响研究主要停留在根系物质量和土壤酶类活性层面。加氧灌溉水气二相流所挟带的氧气及微纳米气泡对土壤-根系系统的氧气交换过程起重要作用。加氧灌溉条件下土壤氧气扩散与根系需氧之间的相互作用关系有待进一步研究。

（3）加氧灌溉所产生的环境效应的研究对于综合评价加氧灌溉技术有重要意义，然而其产生的环境效应仍不清楚，加氧灌溉下水氮运移转化规律及其作用机制仍有待进一步研究。

（4）加氧灌溉改变了土壤的水分分布和有效氧含量，影响土壤硝化和反硝化过程，进而影响 N_2O 的产生和排放。那么，通气性改善如何影响土壤 N_2O 的产生和排放？加氧灌溉下 N_2O 排放的关键影响因子是什么？加氧灌溉对硝化和反硝化过程 N_2O 排放的贡献如何？有待进一步研究。

参 考 文 献

曹慧，孙辉，杨浩，等. 2003. 土壤酶活性及其对土壤质量的指示研究进展[J]. 应用与环境生物学报，（1）：105-109.

曹诗瑜，郭全恩，南丽丽，等. 2018. 5 种不同植被下的土壤呼吸特征及其影响因素[J]. 甘肃农业科技，（11）：32-36.

陈红波，李天来，孙周平，等. 2009. 根际通气对日光温室黄瓜栽培基质酶活性和养分含量的影响[J]. 植物营养与肥料学报，15（6）：1470-1474.

陈利军，武志杰，姜勇，等. 2002. 与氮转化有关的土壤酶活性对抑制剂施用的响应[J]. 应用生态学报，（9）：1099-1103.

陈新明，Dhungel J，Bhattarai S，等. 2010. 加氧灌溉对菠萝根区土壤呼吸和生理特性的影响[J]. 排灌机械工程学报，28（6）：543-547.

丁志强，曹瑞钰. 2004. 非线性回归法计算曝气设备清水氧传递系数[J]. 环境污染与防治，26（1）：63-64.

杜娅丹，张倩，崔冰晶，等. 2017. 加气灌溉水氮互作对温室芹菜地 N_2O 排放的影响[J]. 农业工程学报，33（16）：127-134.

冯凯，雷宏军. 2017. 不同土壤中加氧灌溉盆栽草莓的综合评价[J]. 湖北农业科学，56（10）：1839-1842.

葛彩莲，蔡焕杰，王健. 2011. 加氧滴灌对日光温室番茄生育末期各项生育指标和水分利用率的影响[J]. 干旱地区农业研究，29（6）：12-17，24.

关松荫. 1986. 土壤酶及其研究法[M]. 北京：农业出版社.

黄剑. 2012. 生物炭对土壤微生物量及土壤酶的影响研究[D]. 北京：中国农业科学院.

姜春莉，王栋，张硕. 2011. SDBS 和正丁醇及 NaCl 对鼓泡塔中氧传质的影响[J]. 辽宁化工，40（8）：787-790.

蒋程瑶，赵淑梅，程燕飞，等. 2013. 微纳米气泡水中的氧环境对叶菜种子发芽的影响[J]. 北方园艺，（2）：28-30.

雷宏军，冯凯，张振华，等. 2017a. 河南 3 种典型土壤加氧灌溉草莓生长与品质[J]. 排灌机械工程学报，35（2）：158-164.

雷宏军，胡世国，潘红卫，等. 2017b. 土壤通气性与加氧灌溉研究进展[J]. 土壤学报，54（2）：297-308.

雷宏军，李轲，冯凯，等. 2018a. 3 种土壤灌溉后通气小白菜的水分及养分利用特性[J]. 排灌机械工程学报，36（1）：63-68.

雷宏军，刘欢，刘鑫，等. 2019. 水肥气一体化灌溉对温室辣椒地土壤 N_2O 排放的影响[J]. 农业机械学报，50（3）：262-270.

雷宏军，刘欢，Bhattarai S，等. 2018b. 气源及活性剂对曝气滴灌带水气单双向传输均匀性的影响[J]. 农业工程学报，34（19）：88-94.

雷宏军，刘欢，张振华，等. 2017c. NaCl 及生物降解活性剂对加氧灌溉水氧传输特性的影响[J]. 农业工程学报，33（5）：96-101.

雷宏军，杨宏光，冯凯，等. 2017d. 循环加氧灌溉条件下小白菜生长及水分与养分利用[J]. 灌溉排水学报，36（11）：13-18.

雷宏军，臧明，张振华，等. 2014a. 循环曝气地下滴灌对冬小麦生长和耗水特性的影响研究[J]. 中国农学通报，30（36）：42-47.

雷宏军，臧明，张振华，等. 2014b. 循环曝气压力与活性剂浓度对滴灌带水气传输的影响[J]. 农业工程
　　学报，30（22）：63-69.

雷宏军，臧明，张振华，等. 2015. 循环曝气地下滴灌的温室番茄生长与品质[J]. 排灌机械工程学报，
　　33（3）：253-259.

李元，牛文全，张明智，等. 2015. 加气灌溉对大棚甜瓜土壤酶活性与微生物数量的影响[J]. 农业机械学
　　报，46（8）：121-129.

刘春，张磊，杨景亮，等. 2010. 微纳米气泡曝气中氧传质特性研究[J]. 环境工程学报，4（3）：585-589.

刘俊杰，张天柱，李兴隆，等. 2013. 微纳米水对生菜发芽生长及产量的影响[J]. 北方园艺，（6）：18-20.

刘善江，夏雪，陈桂梅，等. 2011. 土壤酶的研究进展[J]. 中国农学通报，27（21）：1-7.

刘鑫，刘智远，雷宏军，等. 2017. 不同加氧灌溉方式春小麦生长及产量比较[J]. 排灌机械工程学报，
　　35（9）：813-819.

吕梦华，翟黄胜，王楠，等. 2014. 充氧微/微纳米气泡水在白萝卜栽培中的应用效果研究[J]. 新疆农业
　　科学，51（6）：1090-1096.

牛文全，郭超. 2010. 根际土壤通透性对玉米水分和养分吸收的影响[J]. 应用生态学报，21（11）：
　　2785-2791.

邱莉萍，刘军，王益权，等. 2004. 土壤酶活性与土壤肥力的关系研究[J]. 植物营养与肥料学报，（3）：
　　277-280.

史春余，王振林，余松烈. 2001. 土壤通气性对甘薯产量的影响及其生理机制[J]. 中国农业科学，34（2）：
　　173-178.

舒树淼，赵洋毅，胡慧蓉，等. 2016. 基于结构方程的滇东石漠化地区土壤理化性质与酶活性研究[J]. 水
　　土保持通报，（3）：338-345.

孙周平，刘涛，蔺姗姗，等. 2006. 雾培对番茄植株生长、产量和品质的影响[J]. 沈阳农业大学学报，
　　37（3）：488-490.

王京伟. 2017. 覆膜滴灌对大棚作物根区土壤微环境及作物生长的影响[D]. 咸阳：西北农林科技大学.

王岳坤，洪葵. 2005. 红树林土壤因子对土壤微生物数量的影响[J]. 热带作物学报，（3）：109-114.

肖卫华，姚帮松，张文萍，等. 2016. 根区通气增氧对杂交水稻根系及根际土壤微生物的影响研究[J]. 中
　　国农村水利水电，（8）：41-43.

邢英英，张富仓，吴立峰，等. 2015. 基于番茄产量品质水肥利用效率确定适宜滴灌灌水施肥量[J]. 农业
　　工程学报，31（S1）：110-121.

姚槐应，黄昌勇. 2006. 土壤微生物生态学及其实验技术[M]. 北京：科学出版社.

于德良，雷泽勇，赵国军，等. 2019. 土壤酶活性对沙地樟子松人工林衰退的响应[J]. 环境化学，（1）：
　　97-105.

臧明，雷宏军，潘红卫，等. 2018. 增氧地下滴灌改善土壤通气性促进番茄生长[J]. 农业工程学报，
　　34（23）：109-118.

张朝能. 1999. 水体中饱和溶解氧的求算方法探讨[J]. 环境科学研究，12（2）：54-55.

张磊，刘平，刘春，等. 2011. 微纳米气泡及其在环境污染控制中的应用[J]. 河北工业科技，28（1）：59-63.

张立成，胡德勇，杨敬林，等. 2018. 增氧条件下施用有机肥对水稻土壤微生物的影响[J]. 西北农林科技
　　大学学报（自然科学版），46（11）：55-62.

张文萍，姚帮松，肖卫华，等. 2012. 增氧滴灌对烟草根系发育状况的影响研究[J]. 现代农业科技，（23）：
　　9-11.

张璇，牛文全，甲宗霞. 2011. 根际通气量对盆栽番茄生长、蒸腾量及果实产量的影响[J]. 中国农学通报，
　　27（28）：286-290.

朱艳，蔡焕杰，宋利兵，等. 2017. 加气灌溉改善温室番茄根区土壤通气性[J]. 农业工程学报，33（21）：

163-172.

邹联沛，赵洪涛，刘知人，等. 2010. 水质条件对氧传质影响的研究[J]. 中北大学学报：自然科学版，
　　31（1）：45-49.

Abuarab M，Mostafa E，Ibrahim M. 2013. Effect of air injection under subsurface drip irrigation on yield and
　　water use efficiency of corn in a sandy clay loam soil[J]. Journal of Advanced Research，4（6）：493-499.

Barber K R，Leeds-Harrison P B，Lawson C S，et al. 2004. Soil aeration status in a lowland wet grassland[J].
　　Hydrological Processes，18（2）：329-341.

Bhattarai S P，Balsys R J，Eichler P，et al. 2015a. Dynamic changes in bubble profile due to surfactant and tape
　　orientation of emitters in drip tape during aerated water irrigation[J]. International Journal of Multiphase
　　Flow，75：137-143.

Bhattarai S P，Balsys R J，Wassink D，et al. 2013. The total air budget in oxygenated water flowing in a drip
　　tape irrigation pipe[J]. International Journal of Multiphase Flow，52：121-130.

Bhattarai S P，Huber S，Midmore D J. 2015b. Aerated subsurface irrigation water gives growth and yield
　　benefits to zucchini，vegetable soybean and cotton in heavy clay soils.[J]. Annals of Applied Biology，
　　144（3）：285-298.

Bhattarai S P，Su N，Midmore D J. 2005. Oxygation unlocks yield potentials of crops in oxygen limited soil
　　environments[J]. Advances in Agronomy，88：313-377.

Bolyen E，Rideout J R，Dillon M R，et al. 2019. Reproducible, interactive, scalable and extensible microbiome
　　data science using QIIME 2[J]. Nature Biotechnology，37：852-857.

Boon A，Robinson J S，Nightingale P D，et al. 2013. Determination of the gas diffusion coefficient of a peat
　　grassland soil[J]. European Journal of Soil Science，64（5）：681-687.

Callahan B J，McMurdie P J，Rosen M J，et al. 2016. DADA2: high-resolution sample inference from Illumina
　　amplicon data[J]. Nature Methods，13：581-583.

Calzavarini E，van der T H，Toschi F，et al. 2008. Quantifying microbubble clustering in turbulent flow from
　　single-point measurements[J]. Physics of Fluids，20（4）：040702.

Carranca C. 2012. Nitrogen use efficiency by annual and perennial crops[J]. Farming for Food and Water
　　Security，10：57-82.

Chen X，Dhungel J，Bhattarai S P，et al. 2011. Impact of oxygation on soil respiration，yield and water use
　　efficiency of three crop species[J]. Journal of Plant Ecology，4（4）：236-248.

deSantis T Z，Hugenholtz P，Larsen N，et al. 2006. Greengenes, a chimera-checked 16S rRNA gene database
　　and workbench compatible with ARB[J]. Applied and Environmental Microbiology，72：5069-5072.

Dhungel J，Bhattarai S P，Midmore D J. 2012. Aerated water irrigation（oxygation）benefits to pineapple yield，
　　water use efficiency and crop health[J]. Advances in Horticultural Science，26（1）：3-16.

Ebina K，Shi K，Hirao M，et al. 2013. Oxygen and air nanobubble water solution promote the growth of plants，
　　fishes，and mice[J]. PLoS One，8（6）：1-6.

Feng G，Wu L，Letey J. 2002. Evaluating aeration criteria by simultaneous measurement of oxygen diffusion
　　rate and soil-water regime[J]. Soil Science，167（8）：495-503.

Gibbs R J，Liu C，Yang M H，et al. 2000. Effect of rootzone composition and cultivation/aeration treatment on
　　surface characteristics of golf greens under New Zealand conditions[J]. Journal of Turfgrass Science，76：
　　37-52.

Glinski J，Stepniewski W. 1985. Soil Aeration and Its Role for Plants[M]. Boca Raton：CRC Press.

Goorahoo D，Carstensen G，Zoldoske D，et al. 2002. Using air in sub-surface drip irrigation（SDI）to increase
　　yields in bell peppers[J]. International Water and Irrigation，22（2）：39-42.

Grable A R. 1966. Soil aeration and plant growth[J]. Advances in Agronomy，18：57-106.

Heijden M，Bardgett R D，Straalen N. 2008. The unseen majority：soil microbes as drivers of plant diversity and productivity in terrestrial ecosystems[J]. Ecology Letters，11（3）：296-310.

Hodgson A S，Macleod D A. 1989. Use of oxygen flux density to estimate critical air-filled porosity of a Vertisol[J]. Soil Science Society of America Journal，53（2）：857.

Irmak S，Rathje W. 2014. Plant Growth and Yield as Affected by Wet Soil Conditions Due to Flooding or over Irrigation[OL]. Lincoln：Publications of University of Nebraska-Lincoln Extension.

Jayawardane N S，Meyer W S. 1985. Measuring air-filled porosity changes in an irrigated swelling clay soil[J]. Australian Journal of Soil Research，23（1）：15-23.

Khan H R. 2001. Effect of simulated aeration，leaching and ground water on selected chemical characteristics of pyritic marine sediments[J]. Journal of the Indian Society of Soil Science，49（2）：354-357.

Kirkham M B. 2014. Principles of Soil and Plant Water Relations[M]. Burlington：Academic Press.

Leão T P，Silva A P D，Macedo M C M，et al. 1985. Least limiting water range：a potential indicator of changes in near-surface soil physical quality after the conversion of Brazilian Savanna into pasture[J]. Soil & Tillage Research，88（1）：279-285.

Lei H，Bhattarai S，Balsys R，et al. 2016. Temporal and spatial dimension of dissolved oxygen saturation with fluidic oscillator and Mazzei air injector in soil-less irrigation systems[J]. Irrigation Science，34（6）：421-430.

Lemon E R，Erickson A E. 1952. The measurement of oxygen diffusion in the soil with a platinum microelectrode[J]. Soil Science Society of America Journal，16（2）：160-163.

Lemon E，Wiegand C. 1962. Soil aeration and plant root relations Ⅱ. root respiration[J]. Agronomy Journal，54（2）：171-175.

Letey J，Stolzy L H. 1964. Measurement of oxygen diffusion rates with the platinum microelectrode. I. Theory and equipment[J]. Hilgardia，35（20）：545-554.

Meek B，Ehlig C，Stolzy L，et al. 1983. Furrow and trickle irrigation：effects on soil oxygen and ethylene and tomato yield[J]. Soil Science Society of America Journal，47（4）：631-635.

Meyer W，Barrs H，Smith R，et al. 1985. Effect of irrigation on soil oxygen status and root and shoot growth of wheat in a clay soil[J]. Crop and Pasture Science，36（2）：171-185.

Miller D E，Burke D W. 1985. Effects of soil physical factors on resistance in beans to fusarium root rot[J]. Biological Trace Element Research，65：519-523.

Park J S，Kurata K. 2009. Application of microbubbles to hydroponics solution promotes lettuce growth[J]. Horttechnology，19（1）：212-215.

Pendergast L，Bhattarai S P，Midmore D J. 2014. Benefits of oxygation of subsurface drip-irrigation water for cotton in a Vertosol[J]. Crop and Pasture Science，64（12）：1171-1181.

Shahein M M，Abuarab M，Magdy E. 2014. Root aeration improves yield and water use efficiency of irrigated potato in sandy clay loam soil[J]. International Journal of Advanced Research，2（10）：310-320.

Silberbush M，Gornat B，Goldberg D. 1979. Effect of irrigation from a point source（trickling）on oxygen flux and on root extension in the soil[J]. Plant and Soil，52（4）：507-514.

Sojka R E，Lehrsch G A，Kostka S J，et al. 2009. Soil water measurements relevant to agronomic and environmental functions of chemically treated soil[J]. Journal of ASTM International，6（1）：1-20.

Souza E C，Moraes D A，Vessoni-Penna T C，et al. 2014. Volumetric oxygen mass transfer coefficient and surface tension in simulated salt bioremediation media[J]. Chemical Engineering & Technology，37（3）：519-526.

Stolzy L，Letey J. 1964. Measurement of oxygen diffusion rates with the platinum microelectrode. Ⅲ.

Correlation of plant response to soil oxygen diffusion rates[J]. Hilgardia, 35 (20): 567-576.

Stolzy L, Zentmyer G A, Klotz L, et al. 1967. Oxygen diffusion, water, and phytophthora cinnamomi in root decay and nutrition of avocados[J]. Proceedings of the American Society for Horticultural Science, 90: 67-76.

Torabi M, Midmore D J, Walsh K B, et al. 2013. Analysis of factors affecting the availability of air bubbles to subsurface drip irrigation emitters during oxygation[J]. Irrigation Science, 31 (4): 621-630.

Torabi M, Midmore D J, Walsh K B, et al. 2014. Improving the uniformity of emitter air bubble delivery during oxygation[J]. Journal of Irrigation and Drainage Engineering, 140 (7): 1-6.

Vyrlas P, Sakellariou-Makrantonaki M. 2005. Soil Aeration through Subsurface Drip Irrigation[C]//Proceeding of 9th International Conference on Environmental Science and Technology Vol. B-Poster Presentations, September: 1-3.

Wolf B. 1999. The fertile triangle: the interrelationship of air, water, and nutrients in maximizing soil productivity[J]. Soil Science, 165 (8): 677-679.

Wolińska A, Stpniewska Z. 2013. Soil aeration variability as affected by reoxidation[J]. Pedosphere, 23 (2): 236-242.

Xu Q, Nakajima M, Ichikawa S, et al. 2008. A comparative study of microbubble generation by mechanical agitation and sonication[J]. Innovative Food Science & Emerging Technologies, 9 (4): 489-494.

Zheng Y, Wang L, Dixon M. 2007. An upper limit for elevated root zone dissolved oxygen concentration for tomato[J]. Scientia Horticulturae, 113 (2): 162-165.

Zou C, Penfold C, Sands R, et al. 2001. Effects of soil air-filled porosity, soil matric potential and soil strength on primary root growth of radiata pine seedlings[J]. Plant and Soil, 236 (1): 105-115.